QUANQIU PEIYU ZUANSHI CHANYE
YANJIU BAOGAO

全球培育钻石产业研究报告

本书编写组　编

上海大学出版社
·上海·

图书在版编目(CIP)数据

全球培育钻石产业研究报告/本书编写组编.—上海：上海大学出版社，2023.2

ISBN 978-7-5671-4669-3

Ⅰ.①全… Ⅱ.①本… Ⅲ.①钻石—人工合成—产业发展—研究报告—世界 Ⅳ.①TQ164.8

中国国家版本馆CIP数据核字(2023)第022429号

责任编辑 傅玉芳
封面设计 柯国富
技术编辑 金 鑫 钱宇坤

全球培育钻石产业研究报告

本书编写组 编

上海大学出版社出版发行

(上海市上大路99号 邮政编码200444)

(https://www.shupress.cn 发行热线021-66135112)

出版人 戴骏豪

*

南京展望文化发展有限公司排版

上海华业装璜印刷厂有限公司印刷 各地新华书店经销

开本710mm×1000mm 1/16 印张12 字数190千

2023年2月第1版 2023年2月第1次印刷

ISBN 978-7-5671-4669-3/TQ·2 定价 68.00元

目录 | Contents

1
培育钻石行业概述

1.1 培育钻石行业简介

1.1.1 培育钻石概念

培育钻石(Synthetic Diamond,又称人造钻石、合成钻石)指的是通过先进的技术方法,在实验室中培育出的金刚石。培育钻石和自然钻石具有同样的物理原子结构,在4C钻石品质标准的分级条件下,在质量上可以媲美乃至超过自然钻石,被美国珠宝学会GIA等全球多个珠宝权威机构认定为"真的钻石"[①]。

1.1.2 培育钻石发展历程

18世纪晚期,法国化学家拉瓦锡[②]的研究为培育钻石制造提供了理论条件。当时,拉瓦锡在研究后了解到,天然钻石是由碳元素构成的单质晶体,在地球深部高温高压环境下产生。这些发现为培育钻石的制造工艺带来了理论上的支持。

培育钻石行业的发展历程重点包括三个时期:

培育技术探索阶段(1953—2002):高温高压(High Pressure High

① GIA中文官网 https://www.gia.edu/CN/gia-about。

② 拉瓦锡(Antoine Laurent de Lavoisier, 1743—1794),法国著名化学家,被后世尊称为"现代化学之父"。

Temperature，HPHT)与化学气相沉积(Chemical Vapor Deposition，CVD)两种工艺技术创立后，许多国家都纷纷地对培育钻石技术进行尝试。

技术逐渐完善阶段(2003—2017)：随着培育钻石技术的逐步完善，一些国家开始探索培育钻石并实行批量生产，但因为培育价格较高而没有更多地进入消费市场。

行业迅猛进步阶段(2018年至今)：随着培育成本的持续下降，全球许多国家的钻石零售商对培育钻石开展了激烈的角逐，同时行业规范性也持续提升。据贝恩数据统计，2018—2019年，全球培育钻石产量的增速为15%到20%[①]。

1.1.3 培育钻石技术：化学气相沉积(CVD) vs 高温高压(HPHT)

化学气相沉积(以下简称CVD)是指在高温等离子环境中，含碳气体被分离出其他物质，碳原子位于基底表层经过沉积后逐步形成钻石膜。基底以非钻石材料为主，碳原子位于钻石基底层经过堆积逐步形成单晶钻石。含氮、甲烷及氢的气体即为含碳气体，碳原子生长对甲烷的依赖极强，氮能使生长变得更为迅速，氢能约束石墨的产生。CVD必须在低压、高温下运用，压力通常低于1个大气压，温度约1 000℃。

用CVD技术培育钻石是在20世纪中期的美国兴起的。1952年，美国联邦碳化硅公司职员威廉·艾弗索以CVD法制造出世界首颗培育钻石。1956年，苏联科学家经由在非钻石类基片中制造培育钻石薄膜，大幅度地节约了CVD培育钻石所需的时间。20世纪80年代，日本国家无机材料研究所(NIRIM)与戴比尔斯集团(The De Beers Group)的工业钻石部(即现在的Element Six)在CVD培育钻石方面都获得了一定的进展，但都未能用于批量化生产。到了20世纪90年代，荷兰Nijmegen大学、美国Crystallume公司等组织在CVD培育单晶钻石的研发领域获得了较大的突破。戴比尔斯集团(The De Beers Group)集团旗下的国际钻石商贸公司(The Diamond Trading Company，DTC)与Element Six公司制造

① https://caifuhao.eastmoney.com/news/20220222173202731220960。

出许多可使用在研究方面的单晶培育钻石。21世纪之后，宝石级CVD单晶培育钻石的研究又有了更显著的进展。美国SCIO diamond在2007年顺利地培育出了无色宝石级CVD钻石，这为CVD培育钻石入驻珠宝界提供了契机。(表1-1)

表1-1 CVD培育钻石的发展历史

1952年	美国联邦碳化硅公司运用化学气相沉积(CVD)技术培育出第一颗人造钻石，但培育速度很慢
1956年	苏联科学家在非钻石的基片中制造培育钻石薄膜，显著提高了CVD培育钻石的速度
1982年	日本国家无机材料研究所(NIRIM)宣布，培育钻石的速度已超过每小时1微米，CVD技术取得重大突破
20世纪80年代末	De Beers的工业钻石部(即现在的Element Six)从事CVD培育钻石的研究，并迅速取得领先地位，提供了许多CVD多晶质金刚石工业产品
1990年	荷兰Nijmegen大学的研究人员用火焰和热丝法培育出了厚达0.5毫米的CVD单晶体
1993年	美国Crystallume公司用微波CVD培育出厚度相近的单晶培育钻石；同年，Badzian等人又培育出厚度为1.2毫米的单晶培育钻石；DTC和Element Six培育了大量单晶培育钻石，以用于研究目的
21世纪初	美国Apollo Diamond公司(即现在的SCIO diamond)开始了首饰用CVD单晶培育钻石的商业性生产，2007年成功培育出第一批无色宝石级CVD钻石
2017年	德国奥格斯堡大学技术团队研究耗时26年，用“异质外延生长技术”成功培育出155克拉CVD单晶培育钻石，直径92毫米，厚度1.6毫米
2019年	中科院宁波材料所实验室用一周时间就可以“种”出1克拉大小的毛坯培育钻石，培育速度达到每小时0.007毫米

(资料来源：培育钻石网，天风证券研究所 https://www.lgdiamond.cn/)

高温高压(以下简称HPHT)技术较好地展示了天然钻石的形成经过，在地上再现了碳元素的化学反应。HPHT(温度介于1 400℃～1 700℃之间，压力介于 5.2～5.6 GPa 之间）合成钻石是指模拟天然钻石所需的相关条件，在六面体高压机中，采用石墨、金刚石粉等原材料，在高温高压、金属触媒等条件下制造的培育钻石。以此法制造 20 克拉培育钻石仅需半个月就能实现。它主要是将高纯度石墨置于顶压机成长舱的高温区，将钻石籽晶置于低温区。当存在适当的温度差时，石墨从高温区开始持续地进入低温区，而低温区的钻石籽晶得以慢慢结晶，冷却后取出，并以浓硝酸清理钻石表面的非金刚石物质（或非金刚石碳）等。

用 HPHT 技术培育钻石是在 20 世纪中期的瑞典兴起的。1953 年，瑞典一家电气公司（ASEA）首次以该法合成了金刚石微晶。次年，美国通用电气公司（GE）的职员霍尔在“超级压力”项目中，率领相关人员使用 HPHT 技术培育出了钻石，在培育钻石技术方面获得了较大的进步。十年后，我国运用 200 吨级的两面顶压机第一次顺利地制造出了人工金刚石。1965 年，我国成功研制了六面顶压机，此设备现阶段已成为我国超硬材料合成的核心器械。1967 年，俄罗斯获得了合成工业级钻石晶体技术。到 20 世纪 70 年代初期，美国通用电气公司经完善相关技术，首次培育出 5 毫米（大约 1 克拉）高品质黄色单晶金刚石。De Beers 在 1990 年、1996 年分别制造出 11 克拉以上与 25 克拉的高质量金刚石。20 世纪末，合成钻石被使用在工业上，如电信与激光光学领域等。

进入 21 世纪后，许多企业陆续地在 HPHT 培育钻石领域获得了相应的进展。2002 年，中国吉林大学以国产六面顶压机生产出直径为 4.5 毫米的黄色金刚石单晶，使我国成为继美国、英国、俄罗斯、日本四国之后，拥有研发 HPHT 高端金刚石技术的国家。现阶段，我国的 HPHT 培育钻石生产技术已位于全球领先地位。（表 1－2）

表 1－2　HPHT 培育钻石的发展历史

1953 年	瑞典一家名为 ASEA 的电气公司成功合成出金刚石微晶
1954 年	美国通用电气公司运用 HPHT 技术制造出钻石
1957 年	美国通用电气公司（GE）通过实验研究证明，若加入氮化锂等金属触媒，可降低合成压力至 4～7 GPa 和温度 1 200℃～1 700℃

续 表

1964 年	中国制造出第一颗人造细粒钻石
1965 年	中国成功研制了六面顶压机，此后这种设备成为中国超硬材料合成的核心器械
1967 年	俄罗斯掌握了合成工业级钻石晶体技术
1971 年	美国通用电气公司成功培育出可以用于珠宝首饰的大颗粒宝石级钻石
1990 年	De Beers 合成 11.14 克拉的宝石级金刚石，1996 年又合成出最长 16 毫米(25 克拉)的宝石级金刚石
2001 年	美国 Gemesis 公司利用 BARS 压机成功合成出黄色宝石级金刚石，并于两年后将其推向市场
2001 年	日本住友公司用大晶种法培养出 78 克拉的宝石级金刚石，大幅提高了晶体生长速度，并且显著降低了晶体缺陷
2002 年	吉林大学首先采用国产六面顶压机合成出 4.5 毫米黄色金刚石单晶体
2020 年	河南力量钻石股份有限公司突破 5 克拉白色培育钻石技术

（资料来源：培育钻石网，天风证券研究所 https://www.lgdiamond.cn/）

以上两种技术均有其自己的特色，HPHT 的用时更短、色泽更佳，CVD 的纯度更好。若想合成 1 克拉培育钻石，因为 HPHT 技术在培育时是通过不同的碳原子之间衔接所构成的，因此合成周期只用几日就能完成。而 CVD 技术在培育时是在钻石籽晶中使含碳气体分解，慢慢地沉积而生长，这就要有几个月的合成时间。因为 HPHT 技术离不开金属触媒的介入，所以其培育钻石的纯度不佳，而 CVD 技术的纯度则更高一些。若是涉及成本问题，一般会偏向使用 HPHT 技术来合成 1 克拉以下的中高品质钻石，而 CVD 技术更适合合成 1 克拉以上的大颗粒钻石，因为 HPHT 技术合成大颗粒钻石的成本要比 CVD 技术的成本高，但这些都局限于现在的科学发展水平①。（表 1－3、表 1－4、表 1－5）

① 张栋著：《中国钻石革命》“第四章 合成钻石在中国的默默崛起”，郑州大学出版社 2020 年版。

表 1-3　高温高压(HPHT)技术和化学气相沉积(CVD)技术培育钻石的主要指标对比

主要指标		HPHT	CVD
生产特征	主要合成设备	六面顶压机、分个球(BARS)、两面顶	微波等离子体 CVD 外延生长装置
	条件	高温(高达 1 300℃～1 600℃)和高压(5.2～5.6 GPa)	氢气、甲烷等混合气体
	原石形状	常为立方体、八面体或者两者等聚形	呈方形板状
	生长痕迹	呈树枝状	层状生长结构、类似水波
	耗时	几十个小时/克拉	数百小时/克拉
	成本	生产小钻石的成本更低	生产大钻石的成本更低
	产品规格	偏重小、碎钻石的合成	偏重大颗粒
	良品率	一般为 60%	一般约 10%
	生产应用	适合生产小钻石	适合生产大钻石
	缺点	纯净度稍差	颜色不易控制
物理性质	钻石颜色	DEF/GH	F/GH/IJ
	钻石净度	VS/SI	VS/SI
	内部颜色	无色、黄色、绿色、蓝色、粉色	无色、褐色、蓝色
	内部形状	长圆形或铁镍合金溶媒的包裹体,有时具有金属外观	单晶体呈板状,表面具有“生长阶梯”
	内部排列	定向排列或散布	净度好,偶尔见针点状包裹体和非钻石碳
	紫外荧光波长	短波:黄色、黄绿色(中—强)磷光	无—橙色

(数据来源:力量钻石招股说明书,东莞证券研究所 https://data.eastmoney.com/report/orgpublish.jshtml?orgcode=80000081)

表 1-4　高温高压(HPHT)技术和化学气相沉积(CVD)技术的生产方法对比

类　型	项　目	高温高压(HPHT)技术	化学气相沉积(CVD)技术
合成技术	主要原料	石墨粉、金属触媒粉	含碳气体(CH_4)、氢气
	生产设备	六面顶压机	CVD 沉积设备
	合成环境	高温高压环境	高温低压环境
合成产品	主要产品	金刚石单晶、培育钻石	金刚石膜、培育钻石
	产品特点	颗粒状，培育速度快、成本低、纯净度稍差	片状，颜色不易控制、培育周期长、成本较高，但纯净度高
应用情况	应用领域	金刚石单晶主要作为加工工具核心耗材；培育钻石用于钻石饰品，更适用于1～5 克拉钻石的培育	主要作为光、电、声等功能性材料，少量用于工具和钻石饰品，更适用于 5 克拉以上钻石的培育
	主要性能	超硬、耐磨、抗腐蚀等性能	光、电、磁、声、热等性能
	应用程度	技术成熟，国内应用广泛且在全球具备明显优势	国外技术相对成熟，国内尚处研究阶段，应用成果较少

(资料来源：力量钻石招股说明书，天风证券研究所，https://data.eastmoney.com/report/orgpublish.jshtml?orgcode=80000124)

表 1-5　高温高压(HPHT)技术培育钻石的工艺流程解析

工　　序	具体操作方法
石墨芯柱制备	石墨芯柱可由石墨粉、金属触媒粉、添加剂按原料配方规定的比例混合后，经造粒、静压、真空还原、检验、称量等工序制成。石墨芯柱制备是培育钻石整个生产工艺流程的重要起点，不同原材料配方直接决定着产品的粒度、性能和品质
合成块组装	由将石墨芯柱与复合块、辅件等密封传压介质按照技术要求和操作工艺规定组装在一起形成可用于合成金刚石单晶的合成块

续　表

工　　序	具体操作方法
单晶合成	主要作用为密封、绝缘、保温、传压，对培育钻石的生产质量及稳定性有着至关重要的影响。将组装后的合成块放入六面顶压机内，按照设定程序进行加温加压并长时间保持恒定，待晶体生长结束后停热卸压并去除密封传压介质取得合成柱。单晶合成工序是石墨粉经过物理反应生产成培育钻石的过程，是整个生产工艺流程的核心环节
提纯处理	剔除合成柱中未反应完全的残留石墨以及混杂其中的触媒金属、叶蜡石等杂质，从而获得纯净培育钻石。具体工序：第一步通过电解分离金属触媒去除金属杂质；第二步通过化学除杂去除金刚石晶体表面杂质
分选及检测	将提纯处理后的未选型培育钻石通过筛分、选形和磁选等工艺将其筛分为不同粒度、形状和品级的培育钻石

（资料来源：力量钻石招股说明书，天风证券研究所，https://data.eastmoney.com/report/orgpublish.jshtml?orgcode=80000124）

色域是判断以上两种培育钻石的一种非常重要的手段。天然钻石有时会呈现色域，但其色域不会像 HPHT 培育钻石的色域那样呈现几何图案，而 CVD 培育钻石着色则通常比较均匀。由于氮等元素会沿着晶体生长的特定方向集中，因此 HPHT 彩色培育钻石的色域会呈现几何图案。如图 1-1 所示，在这颗蓝色 CVD 培育钻石中，标有 Ib 的黄色区域含有氮

图 1-1　CVD 培育钻石

（资料来源：GIA 官网 https://discover.gia.edu/cn；摄影：James Shigley 詹姆斯·希格利）

元素，标有 IIb 的蓝色区域含有硼元素，无色区域（IIa）通常不含杂质元素。事实上，在天然钻石中很少像这颗钻石这样既含有氮，又含有硼，这也说明了这颗钻石是培育钻石。

HPHT 培育钻石中一般含有金属或助溶剂等内含物，内含物在透过光下为黑暗、不透明度的状态，在反照光下呈金属光泽（如图 1－2 所示）。HPHT 培育钻石在合成期间，金属催化剂可能进入钻石晶体中，而金属催化剂含有丰富的镍、铁、钴等，用磁铁可以吸附具有较大金属内含物的培育钻石。CVD 培育钻石内不含金属物质，通常有深色的石墨内含物，是在其培育过程中所形成的特有的物质。这类非金刚石碳的内含物，如石墨等，与金属内含物不同，其本身无金属光泽。

图 1－2　HPHT 培育钻石

（资料来源：GIA 官网 https://discover.gia.edu/cn；摄影：James Shigley 詹姆斯·希格利）

通常情况下，CVD 培育钻石在用白光照射一段时间后颜色会逐步趋于稳定，但是经紫外光照射后将出现相应的改变，然而这种变化具有可逆性，在经过白光照射后将再次变为稳定颜色。鉴定一颗培育钻石的颜色是否经过处理，需要通过各种光谱分析，只有对其内部存在的各种瑕疵进行分析，才能根据特征来判断是否经过颜色处理①。

结合培育钻石与相应的工艺可以得知，CVD 培育钻石最为常用的色泽为中褐色、粉色，而 HPHT 培育钻石最为常用的色泽为蓝色和黄色（图 1－3）。

① 《关于培育钻石的疑问，GIA 专家权威解答》，《中国黄金报》2021 年 5 月 8 日。

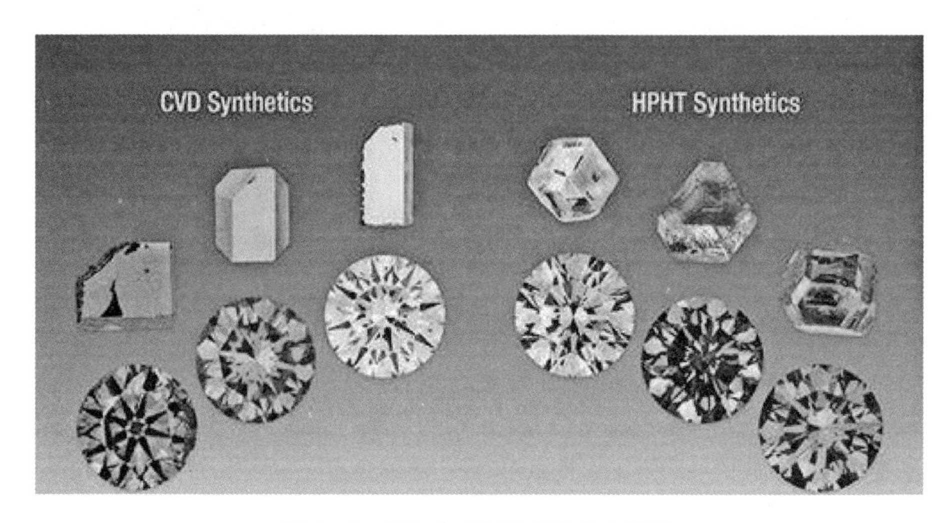

图 1-3　CVD 和 HPHT 彩色培育钻石

（资料来源：GIA 官网 https://discover.gia.edu/cn）

培育钻石的颜色来源主要有以下几个途径：

（1）红色培育钻石：包含粉紫—粉—橘粉—红色。粉色系的 HPHT、CVD 培育钻石颜色是在培育结束之后对其进行辐照、低温退火处理，其间产生的 N-V 中心能够对黄色、橙黄色光进行相应的吸收，这是培育钻石呈现粉—红色的主要原因。

（2）黄色培育钻石：包含褐色—褐黄—黄—橙黄。在培育过程中将孤立氮引入其中是 HPHT 培育出黄色、橙黄色钻石的重要原因，并且随着孤立氮含量的增加，培育钻石的黄色会更亮泽一些。CVD 培育钻石以 IIa 型居多，亮黄色比较少，而出现黄色系培育钻石主要与氮的意外掺入有很强的关联性。

（3）绿色培育钻石。绿色培育钻石的颜色来源与天然绿钻相似度极高，都是经后期辐照形成 GR1 色心，由此能够让钻石呈现绿色。

（4）蓝色培育钻石。培育钻石呈现蓝色主要是因为将硼添加到培育仓中形成的。进一步结合相关数据资料可知，无色的 HPHT 培育钻石内同样含有极少的硼，但利用在硼产生的蓝色可以抵消氮产生的黄色，所以可以使整颗钻石处于无色状态。

1.1.4 培育钻石行业发展现状

金刚石及金刚石工具产业在我国属于“朝阳产业”，受我国人造金刚石制造和基础设施建设力度不断增强的影响，不少企业开始进入金刚石及金刚石工具产业。人造金刚石行业是市场化程度比较好的行业之一，制造公司之间的较量集中体现在技术研发、产品质量、成本管理与市场宣传等领域，产品的市场价总体来说是由市场的供求状况来决定的。低端人造金刚石的合成条件较低，所以在产品品质和制造工艺方面的要求也不严格，许多企业间的产品差异较小，竞争十分激烈。而高端金刚石单晶与大克拉培育钻石类产品对企业的科研水准、技术能力与质量管理均给出了相对严格的标准，进入条件不低，竞争总体来说没有那么激烈。目前，人造金刚石的制造重点聚集于我国，境外人造金刚石的制造企业数量不多，在世界金刚石生产总量中，我国约占90%以上，并且呈逐年上升的趋势。

随着培育钻石认证机制的陆续健全，认证水准也在持续攀升。2015年，国际标准化组织(ISO)在颁布的《珠宝首饰—钻石业消费信心》中明确提到，合成钻石就是指在实验室中培育钻石。五年后，美国宝石研究院(GIA)公开了数字化合成钻石的分级标准。2018年，在中国举办世界珠宝首饰展览会时，全国珠宝玉石标准技术委员会曾对合成钻石市场实验室培育钻石进行了阐述。国家珠宝玉石质量监督检验中心，即珠宝国检(NGTC)于2019年发布了《合成钻石鉴定与分级》的企业标准，2020年又发布了《合成钻石鉴定与品质评价》代替2019年发布并实施的企业标准，使更多研究人员认为“实验室培育钻石”的提出是可行的，培育钻石在业界获得了首肯(表1-6)。

表1-6 行业组织和技术规范制定

时间	内容
2015年	国际标准化组织(ISO)颁布了《珠宝首饰—钻石业消费信心》标准，明确合成钻石(synthetic diamond)与实验室培育钻石(laboratory-grown diamond)为同义名称

续 表

时　间	内　　容
2018 年 7 月	美国联邦贸易委员会(FTC)对钻石的定义进行了调整,将实验室培育钻石纳入钻石大类
2019 年 2 月	欧亚经济联盟推出培育钻石 HS 编码 2019.3 - HRD,针对培育钻石采用了天然钻石的分级语言
2019 年 3 月	GIA 更新实验室培育钻石证书的术语,称其最新发布的新版证书中,将使用术语"实验室培育钻石"替代"合成钻石"
2019 年 7 月	中国宝石协会成立培育钻石分会
2019 年 11 月	世界珠宝联合会(CIHJO)创立培育钻石委员会
2019 年 11 月	欧盟通过新的海关编码,区分天然钻石和培育钻石
2019 年 12 月	珠宝国检(NGTC)《合成钻石鉴定与分级》企业标准发布实施
2020 年 8 月	美国宝石研究院(GIA)推出数字化全新实验室培育钻石分级报告
2020 年 10 月	法国国际珠宝首饰联合会(CIBJO)颁布了《实验室培育钻石指引》(*Laboratory-Grown Diamond Guidance*),既维护了人们对天然钻石产品的信任,同时也指出,实验室培育钻石并不适用于分级,检测证书要与天然钻石区分开来

(资料来源:相关机构和公司公开资料)

2012 年,新加坡本土企业 IIa Technologies Pet. Ltd 制造的 CVD 无色钻石在美国 Gemesis 平台上线,这在珠宝市场中获得了高度关注。三年后,Facebook CEO 安德鲁·麦科克伦(Andrew McCollum)、Twitter 创始人伊万·威廉姆斯(Evan Williams)等开始投资培育钻石企业 Diamond Foundry。2017 年 5 月,美国施华洛世奇公司(Swarovski)宣布涉足培育钻石,旗下的合成钻石公司 Diama 在美国面世。2018 年 5 月,戴比尔斯集团(De Beers)成立培育的钻石企业 Lightbox,同年 8 月,曾任世界第二大钻石制造商俄罗斯 Alrosa 公司 CEO 的谢尔盖(Sergey Ivanov)表示将涉足培育钻石,并有计划地自创品牌。2020 年 9 月,全球知名的莫桑石珠宝商 Charles & Colvard 在婚礼活动中引入了培育钻石。(表 1 - 7)

表 1-7 培育钻石发展大事记

时　间	事　件
2012 年	培育钻石正式开始销售
2015 年	培育钻石公司 Diamond Foundry 受到关注并获得大量投资
2015 年	IGI 香港实验室鉴定了世界上最大的无色 HPHT 培育钻石
2016 年	世界上第一个实验室培育钻石行业的国际性非营利组织——国际培育钻石协会(IGDA)成立
2017 年 5 月	时尚珠宝品牌施华洛世奇旗下的合成钻石品牌 Diama 在北美地区正式上线销售
2018 年 5 月	De Beers 集团宣布成立培育钻石珠宝品牌 Lightbox
2018 年 8 月	全球第二大钻石生产商(俄罗斯 Alrosa)的前 CEO 宣布加入培育钻石大军，自创培育钻石品牌
2018 年 11 月	维密大秀采用施华洛世奇(Swarovski)提供的 2 100 颗培育钻石制作出价值百万美元的 Fantasy Bra
2018 年 12 月	苹果公司以及 Diamond Foundry 联手设计了世界上第一枚 45 克拉的实心培育钻石戒指
2019 年 1 月	加拿大钻石开采商 Dominion Diamond 前 CEO 宣布成立培育钻石品牌
2019 年 3 月	Frederick Goldman 买下培育钻石品牌 Love Earth
2019 年 5 月	Signet 旗下的在线钻石巨头 James Allen 开始售卖培育钻石
2019 年 9 月	前 IGI 北美分部负责人带头创立培育钻石线上交易平台
2020 年 9 月	莫桑石珠宝商 Charles & Colvard(CC)推出培育钻石婚庆、时尚系列
2021 年 4 月	全球最大的珠宝生产商潘多拉宣布将全面弃用天然钻石，改用培育钻石生产新系列产品

(资料来源：相关机构和公司公开资料)

经历了 2018 年的快速发展后，2019 年对钻石行业而言是极具考验的一年。2017—2019 年，毛坯钻石产量有了一定幅度的提升，但是产量的提升尚未升级成对钻石珠宝需求的增加。

2020年，新冠肺炎病毒的流行使整个钻石价值链受到了重创。2020年1—6月份，全球核心城市的管理措施与经济萧条使得钻石零售价下滑15%。上中游的关联企业也难以正常经营，其中有矿山关闭、约束跨境货物的挪移与不再采取促销活动等原因。因为危机的存在，一些核心矿业企业使用了降价的方法，且有具体的方案来协助中游企业的发展。这些企业降低了20%的价格，并允许顾客延迟买入钻石。7—9月，在需求渐渐增加时，核心矿企将粗钻石价格下调了10%。就这样，采矿的收益下滑了1/3，库存多了17%。切割与抛光公司的利润减少了1/4。同时，钻石行业的结构性升级更加迅速。电子商务在业务部获得了更大程度的利用，且延伸到毛坯钻石与抛光钻石的B2B交易领域。低端钻石与高端钻石间的价格距离更大了，高端钻石的价格与数量以很快的速度复苏。据相关资料估计，至2022—2024年间，钻石行业才可彻底恢复。即使在新冠肺炎疫情彻底变弱后，行业介入者也应当不断升级其运营模式，进而与长期发展形势和经营的实际情况相匹配。行业应当充分利用信息技术，尝试新的营销思想，用各种手段来获得顾客的关注，促使该行业健康地发展下去。

1.2 培育钻石与天然钻石对比

纯碳结晶体是培育钻石的本质，天然钻石也不例外，同样的结构使得两者在光学性质、硬度和折射率等方面几乎没有差异。因此，培育钻石也是真钻，只是人们将通过挖矿方式从地下开采出来的金刚石称为天然钻石，将通过技术手段人工制造出来的钻石称为培育钻石。两者形成条件因此也就大相径庭。天然钻石只有在满足高温高压的条件，并且在地球深处经过10亿至30亿年后才有可能成形，所以如此极为苛刻的形成条件，导致了天然钻石极低的形成率，而培育钻石在这方面就有着形成时间和形成难度上的巨大优势，单纯在品质与外观上，培育钻石足以与天然钻石相媲美，但是从价格上来看，培育钻石却比天然钻石低很多。有数据显示，重量为 1 克拉的培育钻石价格约 4 000 美元，而同样重量的天然钻石的价格则翻一番，高达 8 000 美元左右①。（图 1 - 4）

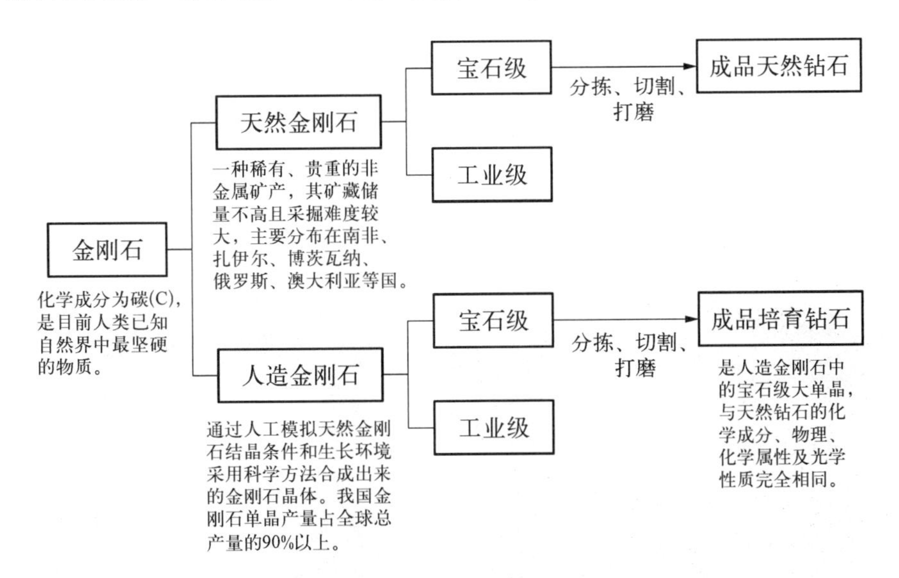

图 1 - 4　培育钻石是人造金刚石中的宝石级大单晶

（资料来源：东莞证券：《培育钻石行业研究报告：新经济成长赛道，孕育初生培育钻》，https://pdf.dfcfw.com/pdf/H3_AP202201281543164979_1.pdf?1643386513000.pdf）

1.2.1　从形成环境来看

在超高温及高压的环境，如地下 100 多千米深处，石墨形态的碳元素被挤压成金刚石结构的钻石，伴随着地壳运动后引发的火山喷发至地表成为可开采的钻石。培育钻石相当于利用高新技术将钻石形成所需要的天然环境搬到实验室，使其得以生成。

1.2.2　从物理结构和化学结构来看

培育钻石与天然钻石的学科属性没有任何区别，培育钻石和天然钻石均为碳元素形成的晶体，两者的物理、化学特性完全相同，培育钻石的

① Diamond Foundry 中文官网：https://www.vrai.cn/news/20210927.html。

完整度与天然钻石一样，透明度、折射率也毫不逊色，其亮度、光泽、闪烁等饰品属性也完全可以与天然形成的钻石相媲美。培育钻石与仿钻类的莫桑石（碳化硅）和水钻（立方氧化锆）有所不同，它在本质上属于真钻石①。

1.2.3　从外观上来看

培育钻石与天然钻石从肉眼上无法区分。2018 年 7 月，美国联邦贸易委员会（FTC）修正钻石的定义，将天然钻石和培育钻石统一归类为钻石。（图 1－5、图 1－6，表 1－8）

图 1－5　天然钻石示例

（资料来源：De Beers 官网：https://www.DeBeers.com.cn）

图 1－6　培育钻石示例

（资料来源：Diamond Foundry 官网：https://diamondfoundry.com）

表 1－8　天然钻石与培育钻石、仿钻材料比较

比　较	天然钻石	培育钻石	莫桑石（仿钻）	立方氧化锆（仿钻）
化学成分	碳（C）	碳（C）	碳化硅（SiC）	立方氧化锆
折射率	2.42	2.42	2.65	2.15～2.18
相对密度	3.52	3.52	3.22	5.60～6.00

① 东莞证券：《培育钻石行业研究报告：新经济成长赛道，孕育初生培育钻》，https://pdf.dfcfw.com/pdf/H3_AP202201281543164979_1.pdf?1643386513000.pdf。

续 表

比　较	天然钻石	培育钻石	莫桑石（仿钻）	立方氧化锆（仿钻）
色散度	0.044	0.044	0.104	0.058～0.066
莫氏硬度	10	10	9.25	8.50
颜色	无色到微黄	无色到微黄	多为透明无色	浅黄、绿黄
价格(以天然钻石的价格为基准)	100%	30%～40%	10%	0.10%

（资料来源：东莞证券：《培育钻石行业研究报告：新经济成长赛道，孕育初生培育钻》，https://pdf.dfcfw.com/pdf/H3_AP202201281543164979_1.pdf?1643386513000.pdf）

1.2.4　从价格上来看

虽然培育钻石和天然钻石在物理特性或者其他方面都没有差异，但是在价格方面，无论是零售还是批发，培育钻石总是更加便宜。早在2016年，培育钻石与天然钻石的零售价格和批发价格之间就有了不小差异，两者

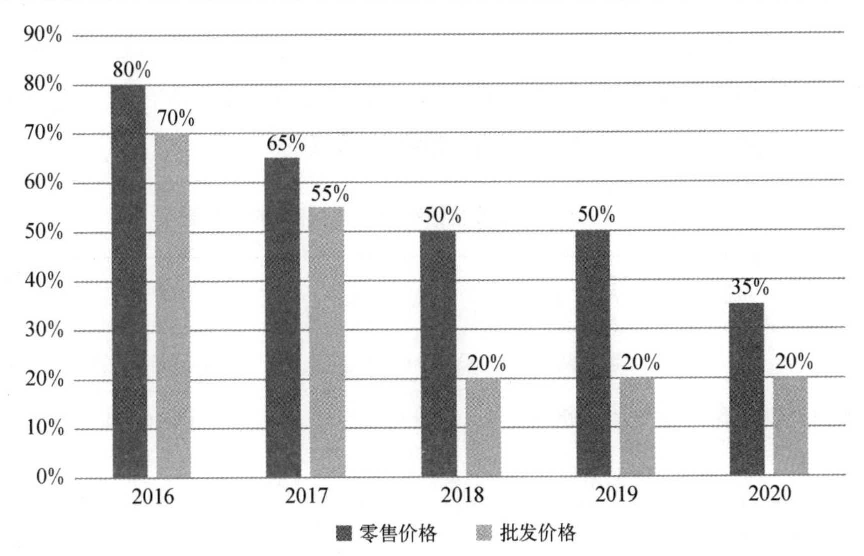

图1-7　2016—2020年全球培育钻石与天然钻石价格比较

（资料来源：申港证券：《机械设备：培育钻石　开启钻石自由时代》，https://data.eastmoney.com/report/zw_industry.jshtml?infocode=AP202111021526541382）

零售和批发价格之比分别为 0.8、0.7。随着行业发展和技术进步，近年来培育钻石的产量不断上升，2020 年培育钻石与天然钻石的零售价格之比仅为 0.35，而批发价格之比甚至下降到了 0.2[①]。（图 1-7）

1.2.5 从环保角度比较

同其他矿产行业一样，天然钻石的开采会对环境造成影响，在对土地、水和能源的使用中，都会向大气释放二氧化碳。为了承担起社会责任，天然钻石理事会的七个成员单位承诺实现一个共同目标，即保护自然世界并确保宝贵自然资源的可持续管理。为了实现这一目标，领先的天然钻石生产商与地方政府和社区合作，采取回收、减少废物、节水和替代能源解决方案等举措，以减少碳足迹——一次一颗钻石。对于培育钻石而言，它来自实验室，不必采矿："培育钻石的生长是可持续的，它种植在美国美丽的太平洋西部，由哥伦比亚河提供动力"，这意味着培育钻石可持续，不消耗自然资源。没有碳足迹："Diamond Foundry——世界上第一个零碳足迹钻石生产商并获得了认证。其钻石生产 100%采用水力发电"，这意味着培育钻石零排放。没有卡特尔定价："培育钻石是根据市场定价的，而开采的钻石供应是使用卡特尔定价的寡头垄断"，这意味着卡特尔定价是开采钻石成本更高的原因。除此之外，培育钻石没有造成地域冲突或造成原住民流离失所等问题[②]。（表 1-9）

表 1-9 培育钻石与天然钻石相比，对环境的影响更小

比较		天然钻石	培育钻石
保护地表环境	土地挖掘	0.000 91 公顷/克拉	0.000 000 71 公顷/克拉
	矿物废料处理	2.63 吨/克拉	0.000 06 吨/克拉
	比例差异	1 281 ∶ 1	

① 申港证券：《机械设备：培育钻石　开启钻石自由时代》，https://data.eastmoney.com/report/zw_industry.jshtml?infocode=AP202111021526541382。

② DiamondFoundry 官网：https://diamondfoundry.com。

续 表

比较		天然钻石	培育钻石
减少碳排放	碳	57 000 克/克拉	0.2 克/克拉
	氧化硫	0.014 吨	无
	比例差异	15×10^{8} ：1	
节约水资源	用水量	480 升/克拉	70 升/克拉
	比例差异	6.9 ：1	
减少能源消耗	能源使用	538.6 焦/克拉	250.8 焦/克拉
	比例差异	2.1 ：1	

（数据来源：根据凯丽希官网，国信证券经济研究所相关资料整理）

1.3 培育钻石的分级标准和产品类型

截至 2021 年，关于培育钻石分级的相关企业标准与团体标准在行业内已经陆续公布，但国家标准尚未出台。2018 年以来，部分培育钻石企业及组织发布了部分或完全参考天然钻石分级标准(GB/T 16554—2017)的 4C 分级体系，其中在颜色、净度、切工、质量四个维度上均完全参考天然钻石分级标准(GB/T 16554—2017)的 4C 分级体系，如：2019 年 7 月由正元韩尚珠宝(深圳)有限公司发布的《培育钻石的鉴定与分级》(Q/ZYHS 001—2019)、2020 年 1 月由江苏省黄金协会发布的《培育钻石鉴定与分级》(T/JSGA 002—2020)、2020 年 7 月由北京国首珠宝首饰检测有限公司发布的《合成钻石鉴定与分级》(Q/NJC—001—2020)，其他企业则部分参考天然钻石 4C 分级体系①。(表 1－10)

① 天风证券：《培育钻石行业研究报告：巧艺夺天工，悦己育新生》，2021 年 12 月 21 日。

表 1-10　中国部分企业、协会的培育钻石分级标准

时　间	企　业	标　准	颜　色	净　度	切　工	质　量
2018 年 12 月	深圳市国首金银珠宝检测中心有限公司	《培育钻石的鉴定与分级》(Q/NFTC 001—2018)	D、E、F、G、H、I、J、K 八个级别	LC、VVS、VS 和 SI 等四个大级别，FL、IF、VVS1、VVS2、VS1、VS2、SI1、SI2 等八个小级别	参考《钻石分级》(GB/T 16554—2017)	参考《钻石分级》(GB/T 16554—2017)
2019 年 3 月	河南省力量钻石股份有限公司	《合成钻石的校验和级》(Q/411424—H—LLZS0002—2019)	参考《钻石分级》(GB/T 16554—2017)	参考《钻石分级》(GB/T 16554—2017)	未设定	参考《钻石分级》(GB/T 16554—2017)
2019 年 7 月	正元韩尚珠宝(深圳)有限公司	《培育钻石的鉴定与分级》(Q/ZYHS 001—2019)	参考《钻石分级》(GB/T 16554—2017)	参考《钻石分级》(GB/T 16554—2017)	参考《钻石分级》(GB/T 16554—2017)	参考《钻石分级》(GB/T 16554—2017)
2019 年 7 月	国检中心深圳珠宝检验实验室有限公司	《合成钻石鉴定与分级》(Q/NGTC—J—SZ—0001—2019)	优（D*—E*）、白（F*—G*）、微黄（褐、灰）白（H*—J*）、浅黄（褐、灰）白(<J*)	极纯净(VVS*)、纯净(VS*)、较纯净(ST*)、一般(P*)四个级别	未设定	未设定

续表

时间	企业	标准	颜色	净度	切工	质量
2020年1月	郑州华晶金刚石股份有限公司	《培育钻石的鉴定与分级》(Q/SC 001—2020)	D—E、F—G、H、I—J、<K	VVS,VS,SI,P	参考《钻石分级》(GB/T 16554—2017)	参考《钻石分级》(GB/T 16554—2017)
2020年1月	江苏省黄金协会	《培育钻石鉴定与分级》(T/JSGA 002—2020)	参考《钻石分级》(GB/T 16554—2017)	参考《钻石分级》(GB/T 16554—2017)	参考《钻石分级》(GB/T 16554—2017)	参考《钻石分级》(GB/T 16554—2017)
2020年7月	北京国首珠宝首饰检测有限公司	《合成钻石鉴定与分级》(Q/NJC—001—2020)	参考《钻石分级》(GB/T 16554—2017)	参考《钻石分级》(GB/T 16554—2017)	参考《钻石分级》(GB/T 16554—2017)	参考《钻石分级》(GB/T 16554—2017)

(数据来源：天风证券：《培育钻石行业研究报告：巧艺夺天工，悦己育新生》https://www.tfzq.com)

2018年对培育钻石行业来说，是具标志性的一年，这一年权威机构美国联邦贸易委员会（FTC）在钻石大类中增加了培育钻石这一分类，世界各地掀起了成立培育钻石行业组织的热潮。伴随着行业组织的繁荣，技术规范也逐渐发展和完善。为保障消费者的知情权，专业机构能够通过设备检测培育钻石，如国际宝石学院（International Gemological Institute，IGI）、比利时高阶层钻石议会安特卫普（Diamond High Council-HRD Antwerp）、美国宝石学院（Gemological Institute of America，GIA），部分机构参照天然钻石的4C分级体系，对培育钻石进行鉴定，并在培育钻石腰部进行镭射刻字，使得出具的培育钻石证书具有明显标识。

培育钻石的分级标准与天然钻石并无差异，这一点在国际宝石学院（IGI）实验室出具的分级报告中有明确说明。IGI使用最先进的技术筛选每颗钻石，经验丰富的宝石学家在受控条件下作进一步评估，根据最严格的国际体系详细说明相关的宝石特征。证书上标注“LABORATORY GROWN DIAMOND（培育钻石）”的字样，同时证书的颜色也与天然钻石证书不同，用以区分。同样为了保护消费者的知情权，分级报告编号及“LAB GROWN”标志会被IGI用激光刻在培育钻石腰部。IGI是最大的钻石和精美珠宝认证实验室，其拥有唯一一个遵守国际公认的钻石分级系统的中央管理机构控制的国际认证实验室。（图1－8）

对培育钻石使用与天然钻石相同的4C标准体系和术语来进行分级是HRD Antwerp的培育钻石报告中的划分方式。每颗钻石都经过测试，以确定它是否是天然的。测试后，HRD Antwerp会对测试内容进行详细披露，发布一份培育钻石分级报告，对测试的过程、方法、结论进行详细阐述。每个经过实验室培育出来的钻石都会用激光刻上“LAB GROWN”和其唯一的报告编号。这些在分级报告中均被提及，甚至还包括参考编号和钻石经培育的声明。（图1－9）

HRD Antwerp不仅是比利时安特卫普（全球最大钻石交易地）的钻石行业最高官方管理组织，同样也是全世界最权威的钻石检验、研究和证书出具机构之一。

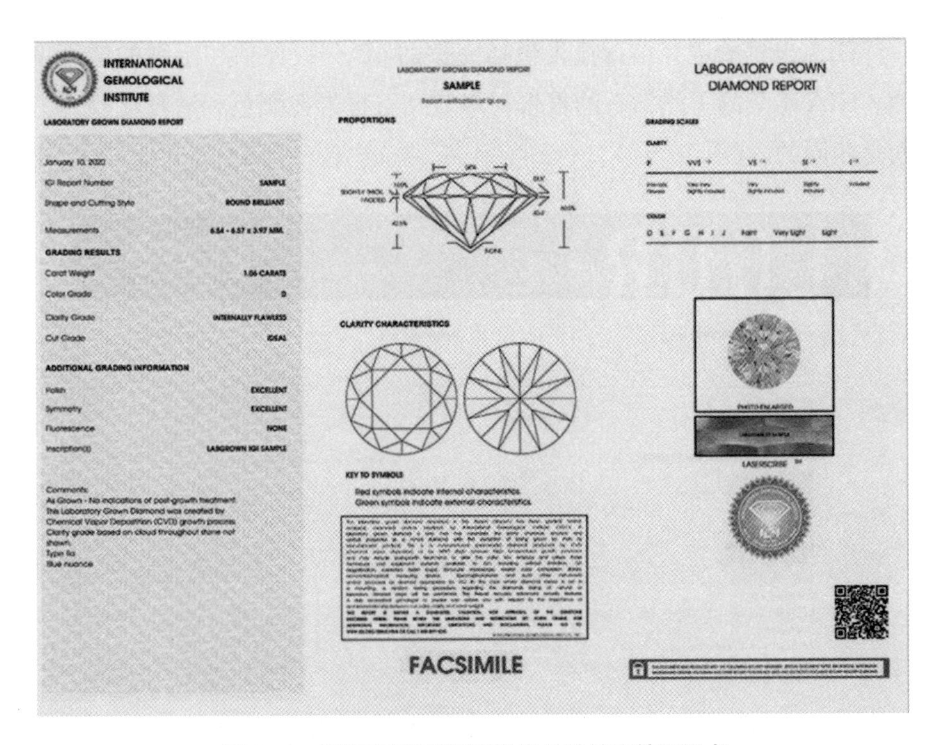

图 1－8 国际宝石学院(IGI)出具的培育钻石证书

(资料来源：IGI 官网，https://www.igi.org.cn)

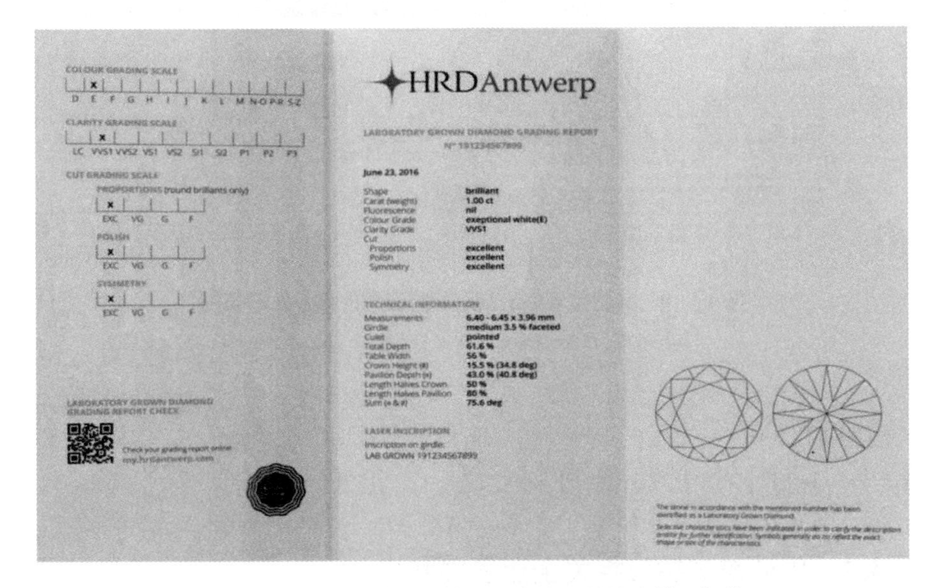

图 1－9 比利时高阶层钻石议会出具的培育钻石报告

(资料来源：HRD 官网；https://my.hrdantwerp.com)

GIA 出具的培育钻石报告包括完整的 4C 分级评估和绘制的清晰度图。GIA 出具的天然钻石的报告与培育钻石报告在颜色和清晰度规格方面是相同的。(图 1－10)

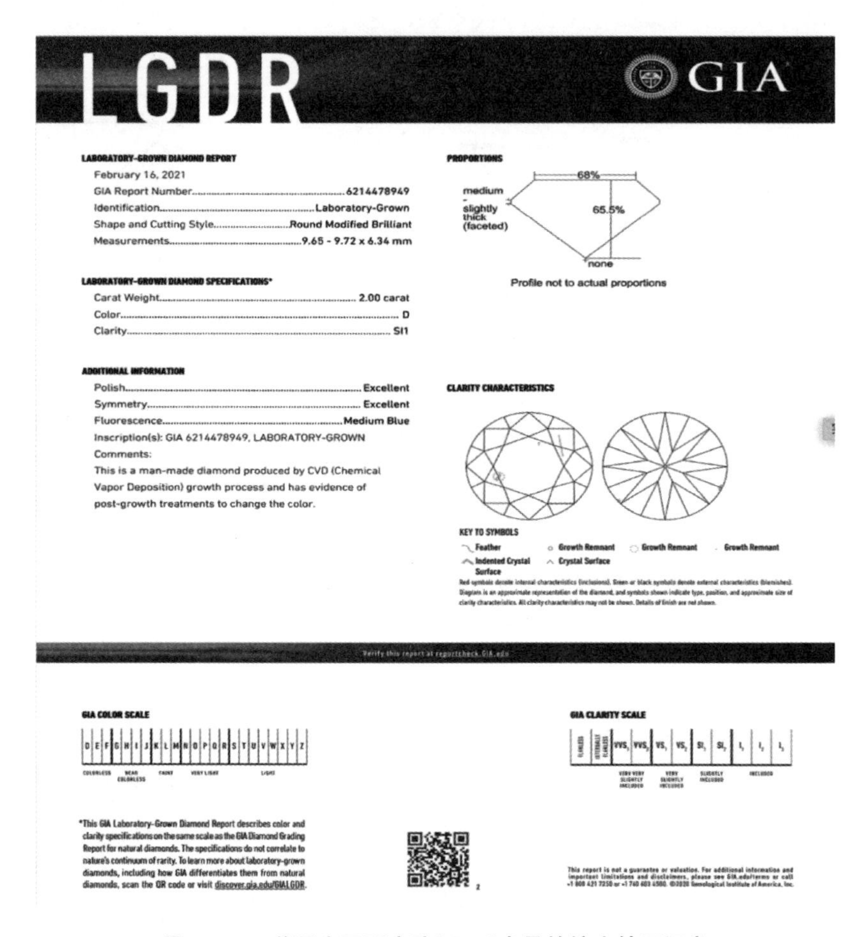

LGDR GIA

LABORATORY-GROWN DIAMOND REPORT
February 16, 2021
GIA Report Number: 6214478949
Identification: Laboratory-Grown
Shape and Cutting Style: Round Modified Brilliant
Measurements: 9.65 - 9.72 x 6.34 mm

LABORATORY-GROWN DIAMOND SPECIFICATIONS*
Carat Weight: 2.00 carat
Color: D
Clarity: SI1

ADDITIONAL INFORMATION
Polish: Excellent
Symmetry: Excellent
Fluorescence: Medium Blue
Inscription(s): GIA 6214478949, LABORATORY-GROWN
Comments:
This is a man-made diamond produced by CVD (Chemical Vapor Deposition) growth process and has evidence of post-growth treatments to change the color.

PROPORTIONS
68%
medium - slightly thick (faceted)
65.5%
none
Profile not to actual proportions

CLARITY CHARACTERISTICS

KEY TO SYMBOLS
Feather
Growth Remnant
Growth Remnant
Growth Remnant
Indented Crystal Surface
Crystal Surface
Red symbols denote internal characteristics (inclusions). Green or black symbols denote external characteristics (blemishes). Diagram is an approximate representation of the diamond, and symbols shown indicate type, position, and approximate size of clarity characteristics. All clarity characteristics may not be shown. Details of finish are not shown.

Verify this report at reportcheck.GIA.edu

GIA COLOR SCALE
D E F G H I J K L M N O P Q R S T U V W X Y Z

GIA CLARITY SCALE
FLAWLESS | INTERNALLY FLAWLESS | VVS1 | VVS2 | VS1 | VS2 | SI1 | SI2 | I1 | I2 | I3

*This GIA Laboratory-Grown Diamond Report describes color and clarity specifications on the same scale as the GIA Diamond Grading Report for natural diamonds. The specifications do not correlate to nature's continuum of rarity. To learn more about laboratory-grown diamonds, including how GIA differentiates them from natural diamonds, scan the QR code or visit discover.gia.edu/GIALGDR.

This report is not a guarantee or valuation. For additional information and important limitations and disclaimers, please see GIA.edu/terms or call +1 800 421 7250 or +1 760 603 4500. ©2020 Gemological Institute of America, Inc.

图 1－10　美国宝石研究院(GIA)出具的培育钻石证书

(资料来源：GIA 官网；https://discover.gia.edu/cn)

1.4　国内外主要培育钻石生产企业

1.4.1　国外培育钻石相关企业发展状况

2003 年，人造高端金刚石在美国市场正式出售，该类产品在金刚石市场受到了消费者的追捧。次年，以 CVD 技术合成的 10 克拉高端大单晶金刚石问世。人造大单晶金刚石已经在品质上与天然钻石并无二致，乃至比天然金刚石的纯度还要高，使得珠宝鉴定专家单用肉眼或是利用低倍放大镜已难以区分。

社会已发展到了人造大单晶金刚石的重要阶段。2003 年 Gemesis 将以 HPHT 技术制造的大单晶金刚石公开上市销售后，阿波罗金刚石(Apollo Diamond)、D. NEA 等企业也纷纷投资人造宝石市场，其中只有 Apollo 以 CVD 技术合成了大单晶金刚石，其他均是以 HPHT 技术合成的。在这并不长的时间段中就有如此多的大单晶金刚石生产商投资人造宝石市场，说明该行业具有优良的发展前景。

(1) Element Six(元素六)：该企业是在 1946 年正式成立的，当前已成为人造金刚石与超硬材料生产方面的世界领跑公司。1959 年，其第一次以 HPHT 技术合成了人造金刚石；1972 年，第一次推出商业用聚晶金刚石(PCD)，产品命名为 Syndie；1989 年，第一次以 CVD 技术培育出金刚石薄膜；2019 年，与洛克希德·马丁公司公开宣布，将单晶 CVD 金刚石材料使用在尖端量子的“暗冰”技术中。作为 De Beers 集团的成员企业之一，其职工在 1 900 人以上，核心制造基地在英国、德国、美国以及南非等地。Element Six 在 2019 年的净利达到了 1 227 万美元。为了更好地开展项目投资活动，Element Six 成立了一个风投事业部，从而可以更好地探寻能运用人造金刚石的新应用。在石油天然气、高级材料这些市场上磨料业务也扮演重要角色。De Beers 集团在 2018 年上线了培育钻石品牌 Lightbox Jewelry，由 Element six 制造。不仅如此，De Beers 投入 9 400 万美元于俄勒冈州设立了面积大概为 5 600 平方米的培育钻石工厂，已在 2020 年正式运营，预估每年可制造出 50 万克拉的毛坯培育钻石。

(2) 住友电工：日本住友电气工业株式会社于 1897 年正式成立，主要制造电气用铜线，是全球知名的通信材料制造企业之一。其利用各种运营方式的相互结合开展多元建设，业务主要涉足汽车、通信、电子、产业原材料等领域，而产业原材料部门的产品就涉及金刚石单晶体与金刚石切削工具等。2019 年，住友电工总收入的一成（约 3 313 亿日元）来自产业原材料事业部。20 世纪 70 年代住友电工就已开始研究合成钻石，自主研发高温高压技术与设施，并在 1982 年生产出了 1.2 克拉的单晶钻石，成功地列入 1984 年的《吉尼斯世界纪录》，成为当时全球最大的培育钻石企业。当前，SUMIDIA 类烧结金刚石是住友电工生产与出售目标之一，除此之外全球一流的 SUMICRYSTAL 系列合成单晶金刚石是另一个生产和出售目标，重点用于工业领域。21 世纪初，东京钙株式会社与大阪钻石工业株式会社共同组建了日本联合材料株式会社（A. L. M. T. Corp.），且作为住友电工产业原材料事业部的成员，业务重点包括精炼钙等高熔点金属原材料制造与加工工艺及精密金刚石工具的生产与精密加工技术，其有关产品涵盖了金刚石/c-BN 砂轮、金刚石/c-BN 切削刀具等。

（3）日进集团：韩国日进集团（ILJIN GROUP）于 1968 年正式成立，是一家制造配电配件、包铜钢丝、工业金刚石等高端产品零件/材料的企业。其分公司 ILJIN Diamond 在 1987 年经由和韩国科学技术研究院（KIST）的协作，在韩国第一次研制出了工业用合成金刚石，是韩国仅有的一家运用 HPHT 技术生产合成金刚石与聚晶金刚石/聚晶氮化硼等产品的公司，2020 年的收入为 1 687 亿韩元。ILJIN Diamond 在 2007 年成为全球优质产品认证公司，在 2011 年得到产业技术振兴有功者产业赞许后，鉴于其 20 年沉淀的重要技术，利用技术与产品的高端化与多元化战略，在尖端材料行业中位居世界先列并持续为行业发展作出贡献，在 2012 年又成为韩国知识经济部主管的“World Class 300”。

（4）US Synthetic（美国合成公司）：US Synthetic（美国合成公司）于 1978 年正式成立，主要通过 HPHT 技术制造多晶金刚石刀具（PDCs），这一成果可用于石油与天然气勘探。其应用的是温度达到 1 400℃、压力达到 6.9 GPa 六面顶压机，这在世界上都是一流的。其产品涵盖了金刚石固定刀头刀具、金刚石钻头刀具等。1993 年，US Synthetic 成为首家获得 ISO9000 认证的金刚石刀具生产企业。至 1997 年，US Synthetic 已成为业界一流的金刚石产品生产商，其拥有 500 余项优秀的金刚石技术专利，且在 2011 年获得了 The Shingo Prize 荣誉，为工业金刚石行业中第一次荣获该奖的企业。

(5) Hyperion Materials &Technology Hyperion：该公司具有多年设计与生产碳化钙粉末、硬质合金等产品的经验。虽然其身为独立企业的时间仅三年，然而其与人造金刚石的关系却始于20世纪中叶。1955年，美国通用电气公司(GE)超硬磨料部门生产出全球首批工业用人造金刚石小晶体，接下来此部门更名成Diamond Innovations，2007年Sandvik买下了Diamond Innovations，2014年Sandvik硬质材料部和Diamond Innovations共同创立了Sandvik Hyperion。2018年，投资企业KKR买下了Sandvik Hyperion且成立了Hyperion Materials & Technology Hyperion，其金刚石产品涵盖散装金刚石颗粒、微米级金刚石粉末等。

(6) Pure Grown Diamonds：该公司的前身是2013年建立的Gemesis，当前已发展成为总公司在纽约的培育钻石企业。公司的核心业务是培育钻石尤其是IIa型培育钻石的制造与出售。2014年，Pure Grown Diamonds研制出一颗尺寸最大的纯净培育钻石，这颗培育钻石重量达3.04克拉、净度达到SII，该数据得到了国际宝石学院认可。作为美国营业额最大的培育钻石品牌，其在全球实验室培育钻石行业中的也占据领导地位。

(7) Diamond Foundry：该公司由包括莱昂纳多在内的多名国际知名投资人在2012年出资建立。创始队伍在太阳能领域的经验使得Diamond Foundry的技术也具有独特优势，其利用等离子体物理软件仿真技术设计出了由350个零件构成的等离子体反应器来研制钻石，属于CVD技术的一种升级。2015年，该企业在*Business Insider*杂志评选出的美国25家最佳创业企业之列。2016年，被美国CNBC频道评选成行业50个重大突破者之一。同年，该公司为了增强客户关系，收购了珠宝品牌Vrai&Oro。2019年，Diamond Foundry入选时代杂志最有创新精神的50家企业之一。2020年，为了让Si、SiC、GaN半导体能够得到金刚石的导热属性，该企业突破性地研制出双晶圆产品，而整个过程仅是利用了单晶金刚石晶圆的基础。另外，该企业还是全球范围培育钻石行业中第一家被认定成100%碳中和的生产企业。Fidelity在2021年3月结束了对

Diamond Foundry 的 C 轮投资，投资资金累计 2 亿美元，现阶段该企业的估值为 18 亿美元。Diamond Foundry 将使用该资金改善产能，以便到 2022 年年底使其在华盛顿州的工厂产能可以翻五番，实现年产量 500 万克拉。

(8) WD Lab Grown Diamonds：该公司成立于 2008 年，地处华盛顿特区，以 CVD 技术制造用于珠宝与高科技应用（半导体、高压分析）上的培育钻石。该企业使用的技术是卡内基科研所首创且独自授权应用的。2018 年 5 月，该企业宣布其研制出一颗 9.04 克拉的 CVD 培育钻石，为当时全球尺寸最大的 CVD 培育钻石。当年，该企业荣获了 2018 年美国商业奖科技创新类中十分知名的"Silver Stevie Award"。另外，WD Lab Grown Diamonds 还是首家得到钻石临时认证标准（"SCS 007"）认证的企业。

(9) ALTR Created Diamonds：一家总部在纽约的培育钻石企业，其总公司 RA Riam Group 是一家重量级钻石生产企业，能够同时兼顾天然钻石与培育钻石的生产。IIa 型培育钻石作为该公司的主要产品在全球范围内销售，同时公司拥有 48 项钻石切割专利。该公司的培育钻石的分级标准体系和天然钻石的一致，且得到了宝石鉴定与保证实验室(GCAL)的认可。2020 年，公司依靠一条总质量为 35 克拉的项链得到了"Instore Design Awards"一等奖，这被视为历史上首件由培育钻石生产出的高端珠宝。

1.4.2 国内培育钻石相关企业发展状况

随着经济的腾飞，我国已跃升为世界级钻石切割制造国与钻石饰品消费国。2007 年，在上海举办的与钻石有关的全球行业会议中，有专业人士指出，培育钻石开始满足顾客的各种需求而以快速的发展步伐进军市场，若合规合理，将不会影响天然钻石市场的发展。人造金刚石行业是市场化运作良好的行业之一，制造公司间的竞争重点集中在技术开发、产品品质、开支管理与公益事业等领域，产品的市场价总体来说取决于市场的供需状况。我国已成为超硬材料制造大国，并持续往超硬材料制造强国方向发展，当前每年的总产量都占全球首位，并且其品质已处于全球领先地位。

全球培育钻石的一半来自我国。我国在生产培育钻石上主要采用的是高温高压（HPHT）技术，2020年总产量约300万克拉，使用此技术培育钻石的制造企业主要包括：

（1）中南钻石：中南钻石是中兵红箭的全资子公司。其前身是成立于1981年的河南中南机械厂，作为一家在“六五”期间的核心军工国有企业，其最初并不生产钻石，而是负责军品制造。1998年，该公司将人造金刚石作为核心业务进行开拓。中兵红箭是中南钻石的控股方。中南钻石是全球规模最大的超硬材料研发与制造中心，核心产品有人造金刚石、培育钻石等，已出口至欧美及印度、日本、韩国等40余个国家和区域，产量、销量与市场占有率均处世界排名首位。

（2）黄河旋风：1998年于上交所上市。为了大力发展高端培育钻石的设计、制造与销售工作，黄河旋风在2015年成立了钻石事业部，负责生产各种类型的培育钻石与生命钻石等。整个超硬材料行业的长期稳定发展离不开其制造的超硬材料单晶对超硬材料领域的巨大贡献。其产生的金刚石研磨工具以及金刚石修整工具都是该领域具有代表性的终端产品。该企业主营的超硬材料产品有工业级金刚石、金属粉末等，是现阶段我国行业内生产工艺与研发水平领先的，将产、学、研予以高度融合的超硬材料产品及制品制造商。黄河旋风具备健全的科技创新机制与一流的技术研发队伍，对人造金刚石产业链中与之相关的产品、设施与其他辅助原料等都拥有自主研发能力。

（3）力量钻石：力量钻石于2010年11月正式成立，2011—2015年将工业用人工金刚石作为核心产品，从2015年起开始往高端电子行业的特种金刚石与消费行业的培育钻石产品方向转变。人造金刚石产品开发、制造与销售是该公司的主要业务布局，利用自主开发，该企业已慢慢地获得了原料配方、新型密封传压介质生产工艺、大腔体合成技术等人造金刚石制造的核心技术，建立了基本健全的核心技术体系。现阶段，金刚石单晶、金刚石微粉与培育钻石三种产品是该企业的核心竞争力布局。企业不仅使用常规金刚石单晶合成技术，经升级为核控制技术、高压晶型控制技术等关键技术,在特殊金刚石单晶产品方面破解了技术难题,是我国大批次生产 IC 芯片用特殊八面体金刚石尖晶的公司。经过这几年的成长,企业在高纯超细球状粉末触媒技术等制造工艺上有了质的飞跃,使 400 目以上的超细金刚石单晶实现了大批次生产。企业培育钻石产品达成从低端分散制造至大克拉高端培育钻石大批次生产方面的进步,眼下企业已能大批次地制造出 2 克拉以上的高端培育钻石,而研发中的大克拉培育钻石将达到 25 克拉。

我国利用化学气相沉积(CVD)技术培育钻石的制造企业主要包括:

(1) 上海征世科技:作为一家跨国高新技术企业,其将培育钻石的研发、制造、销售融为一体。科研队伍自 2002 年开始深耕 CVD 技术,2014 年 12 月于上海正式投产,目前已在香港、纽约、洛杉矶设立子公司。征世科技的 CVD 钻石大克拉高净度,保持着 16.41 克拉的世界纪录,是少数无须改色处理的 CVD 培育钻石制造商之一。

(2) 宁波晶钻公司:成立于 2013 年的晶钻公司是一家集天然钻石与培育钻石为一体,能够充分运用纳米制造、CVD 等全球先进的现代生产工艺的生产企业,旨在培育钻石及培育钻石工具与有关设施的研发、生产、销售和服务。

1.5 培育钻石产业链:上中下游分布格局

1.5.1 培育钻石上游生产端

培育钻石作为人造金刚石单晶中的高档人造金刚石单晶,品质优良,尺寸较大,可用于珠宝首饰的制作。我国在河南省郑州市和许昌市建设了金刚石产业集聚区,可以开展人造金刚石制品的研发、批量制造和销售业务,产生了中南钻石、豫金刚石等影响力较大的金刚石制造商,河南的人造金刚石产业发展迅速、配套设施完善,具有明显的地缘优势。随着培育钻石合成技术的进步,培育钻石市场的需求也在持续提升,是人造金刚石行业未来发展的核心方向。

我国人造金刚石的上游企业中，集中了上市企业如中兵红箭、黄河旋风、力量钻石等。中兵红箭与黄河旋风的主营业务存在一定的差异，中兵红箭的核心业务是军工方面的特种装备、超硬材料等；黄河旋风主营超硬材料及其制品、金属粉末等产品；力量钻石的核心业务是金刚石单晶、金刚石微粉与培育钻石。结合公开信息与资料状况，重点利用“力量钻石”的具体资料开展进一步的研究。

金属触媒粉、石墨粉受下游产业材料价下滑的干扰，基本上采购价也在持续下滑。与2019年相比，2020年金属触媒粉和石墨粉价格都有一定下降，主要是受新冠肺炎疫情和市场供求关系的影响。

培育钻石为质量绝佳的人造金刚石单晶。现阶段，世界人造金刚石行业重点采用高温高压(HPHT)与化学气相沉积(CVD)两种制造工艺技术。两种手段使用截然不同的合成机制与合成工艺，制造出的产品种类与产品特征也存在一定的差异，核心产业的运用也倾向于在各种终端上。在培育钻石合成上，HPHT技术的培育时间较短，在合成小颗粒培育钻石合成领域更胜一筹；CVD技术合成的培育钻石纯度优秀，对超过5克拉的培育钻石合成更为恰当。两种工艺技术所制造的产品存在一定的差异，无替代关系。

高温高压(HPHT)技术从20世纪中叶起就开展工业化运用，其合成机理是石墨粉在超高温与高压环境及金属触媒粉的影响下产生相变并由此出现了金刚石晶体，此技术下合成的人造金刚石重点是颗粒状单晶，合成时间短，单批次产出量多，价格相对便宜，其产业化运用重点是结合金刚石超硬、抗磨、耐腐蚀等力学优势生产磨切锯钻等加工工具。在50多年的发展中，高温高压技术已相对较为成熟，其合成的金刚石单晶在粒度大小、晶型完整水平、纯度、强度等方面均获得了一定的突破。(图1-11)

化学气相沉积(CVD)技术自20世纪80年代开始研发并在工业上广泛应用，其合成机理是含碳气体(CH_4)在高温和低压下与混合氢气分解出活性碳元素，经管理堆积生长条件使活性碳在基体中堆积并最终成为金刚石晶体，此工艺下制造的重点是片状金刚石膜，其产业化运用的重点是结合金刚石在光、电、磁、声、热等方面的性能特点制作功能性材料并使用于新兴行业。(图1-12、图1-13)

图 1-11　1954 年霍尔和当时的 HPHT 钻石合成机器

（资料来源：中国珠宝玉石首饰行业协会官网，天风证券研究所 http://www.jewellery.org.cn）

图 1-12　现代 CVD 合成钻石设备

（资料来源：中国珠宝玉石首饰行业协会官网，天风证券研究所 http://www.jewellery.org.cn/）

图 1－13　直流等离子炬(喷射)CVD 设备

(资料来源：中国珠宝玉石首饰行业协会官网，天风证券研究所 http://www.jewellery.org.cn/)

合成金刚石单晶质地非常优良，目前主要采用国内六面顶压机生产培育钻石。其产出的金刚石在色彩、重量、净度等方面只要符合高端金刚石大单晶的要求即可作为培育钻石并用于镶嵌饰品，而制造培育钻石必不可少的设施就是合成压机，其合成腔内超过 1 400℃的温度、超过 5 GPa 压强的条件可协助活性碳原子变更为优质的金刚石晶体。(图 1－14)

六面顶压机型号越大，说明该机型的原料生产效率越高。20 世纪 60 年代，我国的六面顶压机单锤吨位还只有 6 MN，眼下其单锤吨位已达 62 MN，翻了 10 倍以上；六面顶压机的油缸半径也由之前的 0.46 m 发展到目前的 1.6 m 以上；硬质合金的顶锤质量也从不足 3 千克变为 50 千克以上。现阶段核心企业已装机六面顶压机型号重点涵盖了 ϕ650、ϕ700、ϕ750、铸造 ϕ800 等。

六面顶压机型号越大，原材料的生产效率越高。由于一流合成设备

图 1－14　HPHT 六面顶压机

(资料来源：中国珠宝玉石首饰行业协会官网，天风证券研究所 http://www.jewellery.org.cn)

型号的优化，这大幅地改善了培育钻石产能、制造效率与产品质量。所以，六面顶压机的参数越佳、腔体越大，其产能也将越高。

根据上述培育钻石生产发展情况，可以预估培育钻石上游产业链的发展方向：

(1) 由于应用高温高压(HPHT)技术的六面顶压机型号的优化与生产效率的改善，1～5 克拉的培育钻石产能也将获得深入的优化。结合我国机床工具工业协会超硬材料分会的相关数据，截至 2020 年底，人造金刚石行业的核心企业使用于合成高端金刚石单晶的六面顶压机中 ϕ650(也就是活塞直径是 650 毫米、腔体直径 45～50 毫米之间)及以下参数设备的占比约 81 个百分点，这意味着我国六面顶压机设施还能持续地进行优化。

(2) 合成设备的领先性与培育钻石合成工艺的优化，将培育钻石向大直径、高精尖、色彩浓艳等方向发展并不断提升。合成设备的六面顶压组合型号与腔体配合得越好，就具有越强的产出能力，培育钻石的合成工艺越精湛、合成周期越长，培育出的钻石尺寸就越大。我国的许多重点企业位于收益率更高的产业链上游，在世界各地中获得了约50%的产能，这对培育钻石的发展是十分有利的。

(3) 我国培育钻石的HPHT技术在全球范围内处于领先地位（占全世界HPHT培育钻石产能的九成），CVD技术也获得了一定的进步，超过5克拉的培育钻石制备技术与规模均将获得转型，中兵红箭、国机精工、征世科技等企业对CVD技术的掌握均相对较为成熟。国机精工下属三磨所自2018年开始就正式启动"新型高功率MPCVD法大单晶金刚石项目"，此项目将耗资约2.2亿元，以推动年产能超过30万片大单晶金刚石的目标；中兵红箭自主完成"20～50克拉培育金刚石单晶"合成技术的研发，顺利实现大批量生产20～30克拉培育钻石的目标。这均将持续增加我国超5克拉培育钻石的产能，推动两种培育钻石技术的共同进步，优化我国在培育钻石方面的全球影响力。

(4) 由于在实际生产期间具有低碳环保、对环境友好等特点，培育钻石日益受到消费者的喜爱。培育钻石的生产不会造成自然环境的污染，与绿色环保可持续发展理念相符。培育钻石的环保理念成为品牌推广宣传的重要依据之一。施华洛世奇将培育钻石定义为"负责任奢华(ConsciousLuxury)"，根据环境、安全、劳工等的最高标准进行生产。欧洲最大的培育钻石经销商Madestones认为，培育钻石代表了"无冲突(NonConflict)"，能够被具有社会和环境意识的消费者所青睐。CARAT London公司则根据天然钻石4C标准分级体系的背景，给出了新的"5C"定义——即在原来的4C上加"Conscience(良知)"。Caraxy Luxury也指出，天然钻石的开采将造成土壤破坏、水资源消耗和温室气体排放，且在某些非洲国家和地区，开采权的归属问题让原本不稳定的社会局面愈加经受挑战；而培育钻石将会对"无冲突(Non-Conflict)"的愿景作出进一步的贡献，因为其生产过程是符合可持续发展理念的。

1.5.2 培育钻石中游切割端

钻石加工中心的发展重点会因原料、市场、人力与创新而受到影响，重点聚焦于三个区域：一是钻石的矿业基地（原料影响），如俄罗斯、南非等地；二是钻石的贸易基地（市场影响），如比利时、以色列等；三是人力资源价格不高的区域（人力影响），如印度、中国、缅甸等。现阶段全球钻石切磨的四个基地是以色列特拉维夫、美国纽约、比利时安特卫普、印度孟买，因为在技术和工艺方面存在一定的差异，印度重点是加工小颗粒毛坯钻，而剩下的三个加工基地重点是加工优质、大颗粒的毛坯钻。而安特卫普是最大的毛钻交易基地，特拉维夫是最大的精抛钻石交易基地，印度是切磨毛坯钻的"大本营"。

比利时安特卫普是知名的切割钻石加工城市，当地的钻石贸易免税优惠方针获得了世界各地的钻石贸易商前来投资，其钻石工人的切割技术在全球范围内被认定为最佳。安特卫普切割法已使用了600年，其加工出的形状是上方为33面、下方为24面，使钻石显得十分绚丽、透明，每日有不可胜数的没有被打磨过的钻石从印度、南非等地前往此处交易与加工，然后再运往全球其他城市。

以色列特拉维夫在精致花式钻石加工方面占据绝对优势，其钻石加工生产发展起步较早，特别是当地的花式切工在全球范围内都十分有名。

美国纽约是大粒径钻石加工的中心，作为全球的金融和贸易中心，全球著名的大珠宝商都在这里做买卖。纽约的人工成本不低，切割开支大，通常加工超过3克拉的大钻石。

印度孟买是小粒径钻石加工的中心，孟买是近几年来才建立的钻石加工基地，因为其人力成本不高，切磨的钻石大部分是约0.2克拉的小钻，品质不佳，切磨技术相对普通，最具代表性的特征为腰线（girdle）相对更厚、台面（crown）相对不宽。

总体而言，培育钻石与天然钻石的切磨手段非常接近。天然钻石的许多制造国，都只批准在自己国家中采掘的钻石在本国加工为成品后才能输入到其他国家；而培育钻石大部分由我国制造，我国一般将大克拉培育钻石的毛坯钻留于我国切磨，将较小的毛坯钻运输到印度加工。加工过程总体来说可细分成标记、劈割、锯切、成型四个环节：

（1）标记：检测钻坯并标记在其表面，处理该操作步骤的划线员应当有较丰富的经验且对于加工工艺十分了解，划线员应当关注两个重点：一是尽可能地维持最大的质量，二是尽可能地减少其中的杂质。可结合放大镜分析钻坯的组成，以墨水在钻坯中进行标记，一般尽量随钻石的纹理方向划线。

（2）劈割：劈割时将已划线的钻坯放置在套架中，用另一颗钻石将凹痕与分割线切割开，再将方边刀放置在凹痕中，并在割开的刀痕上以适当的力度敲击，钻石会随着纹理的走向被分割成两块或数块。

（3）锯切：大部分难以割开的钻石只能利用锯进行分割操作，操作时钻石应稳定地放在夹具内，夹具上方的锯盘以极快的速度转动对钻石进行切割。将激光技术应用到钻石的切割领域，可较好地节省切割钻坯所需要的时间。

（4）成型：钻石锯开或割开后会运到打圆部门进行打圆和成型操作，进一步结合设计标准，将钻石设计成更多心形、圆形和椭圆形的切割花形，也可以进行特殊形状的加工。因为钻石的每个面的硬度都有所差异，因此在研磨时需结合操作人员的经验，掌握钻石的主要性状，如三方体、八面体等与晶体本身的特点。研磨时将钻坯置于车床中，并借助车床的加工臂杆的钻头使钻坯变圆。

钻石加工为劳动密集型产业，对劳动技能的要求也十分严格，尽管现阶段已有各种一流的机械设备取代人工操作，但打磨等操作还是离不开人工，想实现工业化是十分不易的。我国的钻石加工商在地区划分方面相对分散，如两广地区、河南等地均有相关的企业，产业集聚效应不足，而印度的钻石切磨加工大多集中在苏拉特等周边城市，形成了大型加工产业集群，拥有优秀的大批次加工能力。另外，因为我国经济高速发展，科技能力持续优化，人工成本也在持续上升，劳动密集型企业的人工开始慢慢地被机器所代替，或转移到其他人工成本更为低廉的地区。而印度的人口基数大，其人工成本普遍不高，又由于印度历代沿用的切磨技术，使其在短时间内就跃升为世界级钻石切磨中心，2019 年，全世界大概有三成的切磨钻石是由印度生产的。而美国是培育钻石领域的最大消费国，其更是直接在印度兴办企业，制造或买入培育钻石的毛坯钻并在印度加工处理后，再将成品钻石出口到美国。

在印度，培育钻石与天然钻石共用钻石加工生产线，约3克拉的毛坯钻可加工成1克拉裸钻。印度从世界各地引进毛坯钻，经切磨、打磨等工序后再向外输出，根据印度宝石及珠宝出口促进会(GJEPC)统计，2015—2021年(数据周期为自当年4月至次年3月)，印度培育钻石毛坯钻进口额分别为0.14、1.15、2.41、1.36、3.44、6.16、5.41亿美元，年复合增长率达112.29%；裸钻出口额分别为0.64、1.31、2.16、2.25、4.21、6.36、5.88亿美元，年复合增长率达58.55%。

1.5.3 培育钻石下游消费端

培育钻石的下游是零售终端与有关的服务产业。现阶段世界培育钻石的核心零售市场主要是美国，所占比例为80%；其次就是中国市场，虽然现阶段的零售终端比例不大，然而同比还在持续上升中。

世界钻石消费市场的需求还在持续提升，天然钻石市场的供给在不断下滑，培育钻石市场获得了迅猛兴起的新机会，具有更多的成长机会。由于钻石自身的独特性与天然属性，所代表的是纯洁的爱情，获得了消费者的普遍青睐。可是世界天然钻矿产资源匮乏，钻石开采权完全掌握在了一些大型钻石开发企业手中。从2018年开始，世界天然钻石的毛坯钻产量、产值每年都呈下滑趋势，2020年世界天然钻石的毛坯钻产量为10 700万克拉，比上年度下降了3 200万克拉；2020年全球天然钻石的毛坯钻产值为92亿美元，比上年度下降38亿美元。

尽管世界天然钻石的毛坯钻产量不断下降，但世界钻石消费需求与日俱增，市场呈现供不应求的局面，这种供需不均的局面为培育钻石提供了成长的契机。钻石合成技术的优化和客户对培育钻石理解水平的优化，有力地推动了培育钻石市场的不断发展。《2018年全球钻石行业报告》中指出，由于社会经济的发展与顾客消费水平的持续改善，世界各地培育钻石的产量年均增速将达15%～20%，预计2030年培育钻石的产量将超过1 000万克拉。(图1-15、图1-16)

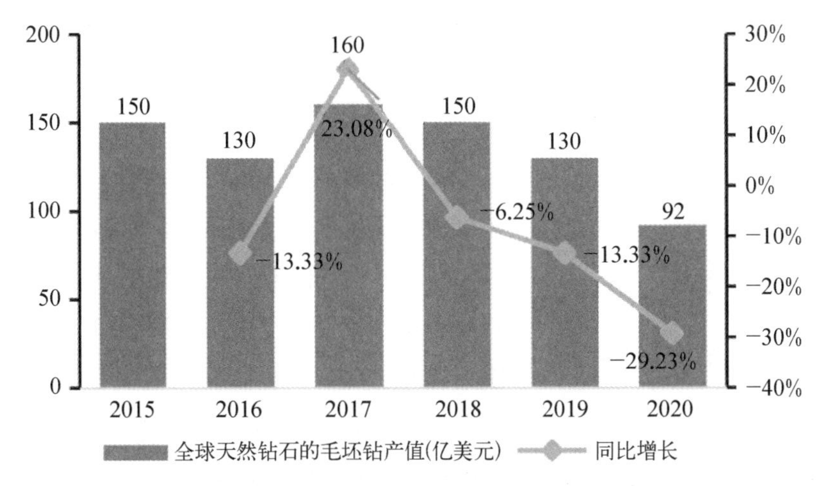

图 1-15 全球天然钻石的毛坯钻产量持续下降

(资料来源：产业信息网，天风证券研究所，https://data.eastmoney.com/report/orgpublish.jshtml?orgcode=80000124)

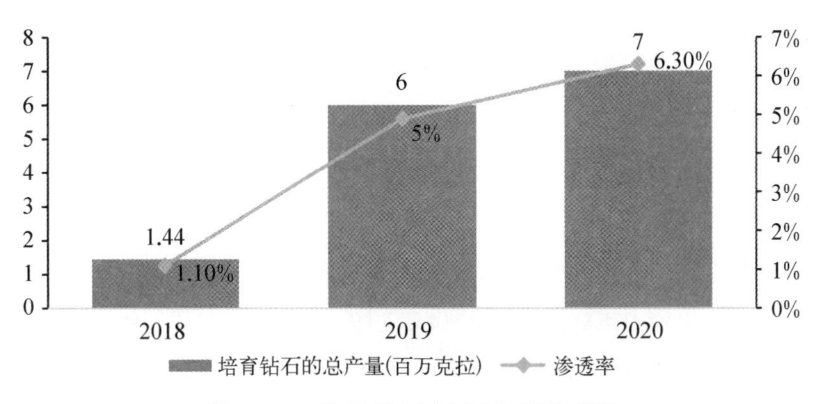

图 1-16 培育钻石市场渗透率逐年攀升

(资料来源：产业信息网，天风证券研究所，https://www.chyxx.com/
https://data.eastmoney.com/report/orgpublish.jshtml?orgcode=80000124)

消费者购买钻石受款式、单价与品质的影响，而培育钻石在这三个方面都拥有较大的优势。在款式上，培育钻石更为可控，可以达成对款式、尺寸的个性化生产，符合消费者的多元需求；在单价上，由于合成技术的持续成熟，培育钻石的制造费用将持续降低，市场价格有所下滑；在品质上，培育钻石在晶体结构的全面性、光泽等领域可达到与天然钻石相媲美的程度。所以，在世界钻石珠宝市场需求稳中有升、天然钻石市场供给持续下滑的环境下，培育钻石利用其优秀的产品品质、更低的制造费用与充分满足消费者多元需求的优越性，获得了许多钻石品牌公司与消费者的欢迎，进入了黄金发展阶段。

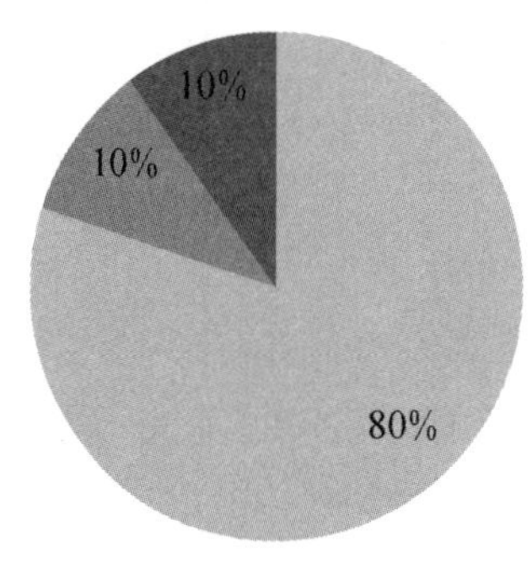

图 1-17　美国为培育钻石主要消费市场

（资料来源：力量钻石招股说明书，天风证券研究所，https://data.eastmoney.com/report/orgpublish.jshtml?orgcode=80000124）

随着培育钻石销量的持续增加，3 克拉及以上产品的销量都在显著增加，大颗粒培育钻石的市场价与毛利率都不低。培育钻石身为钻石消费行业的一种重要产品，重点使用在生产钻石饰品及其他时尚产品上。这中间中美两国占据了现阶段培育钻石消费市场中的前两位，其中美国的消费市场占比为八成、我国则为一成，由于著名珠宝商戴比尔斯、施华洛世奇等陆续投资培育钻石市场，培育钻石的需求还在持续增加。（图 1-17）

现阶段世界各地已有较多的金刚石制造企业、钻石品牌商开始积极投资培育钻石的研发、大批次生产、市场与营销渠道的构建，积极展现出培育钻石的经济价值。2018 年 5 月，De Beers 声明会利用 Lightbox Jewelry 品牌对培育钻石市场进行投资，Element Six 出资 9 400 万美元开设专门的培育钻石工厂，年产能可超过 50 万克拉；同年 7 月，施华洛世奇把培育钻石品牌 Diama 由宝石部门变成奢侈品部门；次年 12 月，SIGNET 声明在 Kay、Jared 等重要品牌中将上线培育钻石类珠宝产品。我国以中南钻石、黄河旋风等为典型的人造金刚石制造公司在达成工业技术沉淀与改善的同时，也陆续开始培育钻石的研发与制造活动，行业集中化水平持续提升。

由于我国积极践行智能制造的重要战略，超高速、超精密等重量级生产技术开始运用于培育钻石领域；强度大、韧度优秀、抗磨、耐热类合金等原先不易加工的材料开始持续得到发展；国家倡导的节能减排、绿色环保成为加工行业普遍遵守的新规定。人造金刚石及其制品的特殊功能可匹配以上制造需求与市场需求，使人造金刚石及其制品拥有优秀的市场发展空间。培育钻石身为世界钻石消费行业中的一种重要产品，在品质、价格、环保与技术等领域拥有显著的优越性。由于培育钻石生产技术的持续优化、顾客消费能力的提升，我国培育钻石的市场发展水平与市场需求均好于过去，培育钻石已成为人造金刚石领域中最有前景的一大产品。当前，我国有更多的人造金刚石企业、钻石品牌投资商开始涉足培育钻石市场，另外还在技术研发、大批次制造、市场开发与营销推广等领域积极发展并探索培育钻石的经济价值。

2019 年 7 月，中国珠宝玉石首饰行业协会培育钻石分会正式成立，这是培育钻石领域最关键的一家自律性机构，此机构由培育钻石制造商、珠宝首饰开发商、钻石品牌商、钻石交易系统、科研机构及其他与本行业有着较大关系的企业自主建立，其核心责任是团结培育钻石领域的有关公司与组织，提供培育钻石市场所需、企业成长、行业转型所不可或缺的行业服务，展现行业的价值，为培育钻石行业的长期进步奠定基础。我国培育钻石企业最开始重点是开展人造金刚石的制造，用于建材石材、机械加工等行业的锯、切、磨、钻等加工的耗材。从长远看，人造金刚石拥有热、光、电等性能方面的优越性，可以在军工、半导体等高端行业中开发出新的运用。现阶段我国培育钻石领域的核心上市企业黄河旋风、中兵红箭等开始主动提升产能，把握行业成长的重要机会。

作为钻石消费领域的新兴势力，培育钻石产业尚处于发展的初期阶段，由于在品质、价格、环保、科技等方面优势明显，其主要市场定位为轻奢、定制、科技、环保。培育钻石可利用工艺控制将自然界少见的蓝色、粉色彩色钻石培育出来，所以，培育钻石在投入成本、生态环保、科技含量、品质各方面都比天然钻石具有更加突出的优势。培育钻石的核心消费人群主要是新生代年轻消费者，而消费需求则主要侧重时尚生活与日常佩戴。新生代年轻消费者的消费习惯已经发生了一定的改变，因此珠宝首饰消费行为也呈现了频次更多、消费弹性更强的新特征，不同时期的饰品市场需求存在着很大的不同，给首饰市场中“快时尚”消费文化的形成提供了许多契机，也可以给不同消费者带来相应的佩戴要求，在遇到不同环境、不同情况时所佩戴的宝石装饰款式和喜好也有着相应的区分。

以美国和中国为代表的钻石消费大国，婚嫁市场中钻石珠宝渗透率在逐步到顶后呈现放缓趋势，而需求增长的“悦己”型和非婚嫁场景有望带动行业持续景气。“犒劳自己”成为中美钻石消费的首要原因，非婚嫁首饰消费占比过半，超过婚嫁首饰。据2020年贝恩公司的市场调查，在美国钻石消费的原因统计中，排名最靠前的三项分别为为犒劳自己（29%）、作为感谢礼物（27%）、婚礼或订婚（25%）。在中国钻石消费的原因统计中，排名最靠前的三项分别为为犒劳自己（45%）、婚礼或订婚（36%）、作为感谢礼物（24%）。

1.6　全球培育钻石的发展前景分析

差异化定位：培育钻石定位轻奢悦己饰品，优势显著。

天然钻石矿产资源本身的稀缺性赋予了它保值增值的特点，因此自其被发掘以来就被当作奢侈消费品，钻石品牌一直以来为消费者打造了“A diamond is forever（钻石恒久远，一颗永流传）”的经典象征意义。所以，天然钻石的低产出、难形成、高价值、高保值的特点使其在国内外传统婚恋市场上被赋予了独特的地位。

对比来看，培育钻石与天然钻石的品质并没有区别，但其有着更多天然钻石不具备的优势：首先是性价比，天然钻石的价格几乎是培育钻石的3倍；其次是培育钻石更加符合环保趋势，它的制造过程环保、碳排放量低；除此之外，其款式更加多样化。这些优势都十分符合新时代消费者悦己的个性要求，得益于购买门槛的不断降低，培育钻石未来的市场占有率的提升将成为趋势。

然而，在全球钻石消费需求逐渐旺盛的背景下，毛坯天然钻石的年产出量却呈现出逆向走势，供需失衡趋势成为必然，同时在全球各大钻石市场上逐渐加剧。反观培育钻石方面，不论是全球最大钻石生产商戴比尔斯，还是著名珠宝饰品生产商施华洛世奇等知名企业都通过建立自有培育钻石品牌的方式，向消费者提供同样品质却更加亲民的饰品，这些都为培育钻石发展带来了机遇。

1.6.1 关于培育钻石对天然钻石替代情况的分析

总的来说，天然钻石在一定程度上完全可以被培育钻石替代。这种替代性最重要的一个原因是两者在物理和化学结构上完全一致，因此在晶体结构的完整性上两者自然没有差异，甚至在钻石的透明度、折射率、色散等方面培育钻石也与天然钻石不相上下。创造利于合成的环境、利用科学且高效的方法在实验室中培育出来的钻石，相比于经过几亿年才能从地下深处生长形成的天然钻石，一方面，可以通过不断改进生产技术、改善合成方法对培育钻石的成色、尺寸、颜色、品质进行精准把控，这样出品的钻石更能迎合消费者的偏好；另一方面，培育钻石具有的生产效率高、生产成本更加低廉、环保效益明显的特点，将逐步在消费者的心中占据一定的地位。

当前，天然钻石仍是主流，培育钻石替代性仍待提高，但替代性的不断增强会是未来明显的趋势。经过一百多年的发展，天然钻石在消费者心中的地位也是有一个逐渐被认可并趋于一致的过程：价值不菲、高贵奢侈、情怀传承。可以看出，奢侈、价值、情怀、传承是天然钻石产品消费者的关注重点。而对于培育钻石行业而言，其发展较晚，仅有几十年的历史，其合成技术实现突破时间尚短，生产销售端薄弱，消费端需求尚且不足，因此无论是生产商产能布局、品牌商渠道建立，还是消费者认知和接受程度提高、行业组织和标准设立等行业相关配套工作尚在不断完善中，培育钻石行业当前还属于新兴行业。目前，培育钻石的产量规模较天然钻石而言仍然较小，对天然钻石的替代程度也比较低。可以看到的是，随着培育钻石技术不断改进优化，生产商产能布局合理性的提高以及品牌商渠道日益成熟，培育钻石在消费者心中的认知和接受程度明显改善，行业机构和标准不断健全，培育钻石行业发展潜力巨大、日渐成熟，培育钻石的产量、销量、市场占有率以及其对天然钻石的替代程度都将同步提升。

1.6.2 培育钻石行业的未来发展前景

在品质、成本与价格、科技、环保等方面，培育钻石比天然钻石有着更佳的表现，天然钻石在钻石消费领域的市场份额会逐步被培育钻石取代，甚至在轻奢和时尚消费领域，培育钻石也能带来与天然钻石不一样的新浪潮，未来市场空间十分广阔。

(1) 培育钻石性价比优势显著，产品生产周期更短。培育钻石本身就具备比天然钻石更有竞争力的价格，并呈现出逐年下降的趋势，因此在成本和价格方面，天然钻石就处于劣势地位。在性价比方面，两者品质别无二致，因此在颜色、粒度、净度方面两者同样没有差别，但相同产品属性天然钻石的市场价格却是培育钻石的两倍甚至更高，根据贝恩咨询公司发布的《2019 年全球钻石行业报告》，对比培育钻石和天然钻石，2016 年，前者零售价格约为后者的 80%，前者批发价格约为后者的 70%，在 2017 年至 2020 年间，无论是零售价格还是批发价格，培育钻石都有了明显的下降。尤其是批发价格，培育钻石分别降低至天然钻石的 55%、20%、20%、20%，更低的生产成本(仅为天然钻石 1/4 的生产成本)和零售价格(仅为天然钻石 1/3 的销售价格)为培育钻石进一步拓展市场份额提供了有力支撑。就生产速度而言，只需数周就可以得到一颗培育钻石，而需要花费上亿年的时间才有可能得到一颗天然钻石。(图 1 - 18)

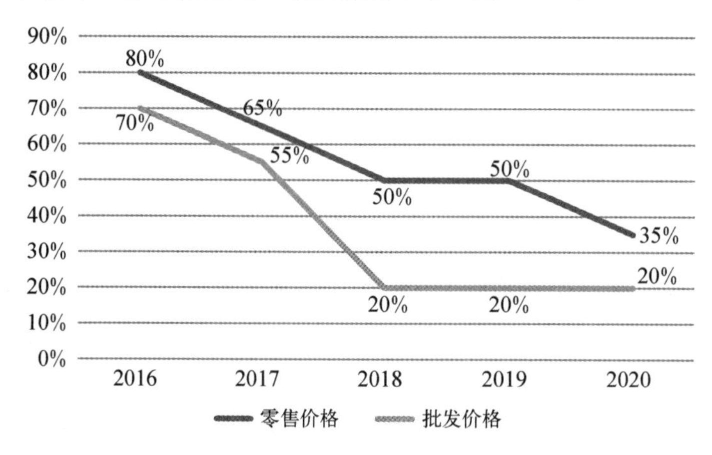

图 1 - 18 全球 1 克拉裸钻培育钻石价格占天然钻石价格的比例情况

(资料来源：贝恩咨询公司《2021 年全球钻石行业报告》，https://www.bain.cn/)

(2) 培育钻石产能足，更符合可持续发展。天然钻石来自几亿年的地下，其储量有限并短时间内无法再生，自 2017 年以来，全球钻石产量呈现出不断下降趋势。与众多非可再生资源一样，稀缺性是全球天然钻矿产资源的最主要的特征，与众多垄断行业一致，天然钻石矿也被少数巨头紧紧掌控。从天然钻矿产资源全球分部来看，前五位的金刚石矿分别位于非洲的南非、扎伊尔、博茨瓦纳以及欧洲的俄罗斯和大洋洲的澳大利亚，综合来看，资源储量不高，开采成本居高不下，且采掘起来不易。根据贝恩咨询公司发布的《2021 年全球钻石行业报告》，全球天然钻石的毛坯钻的产量逐年下降的趋势加剧，例如在 2017—2020 年间，2017 年开采的天然钻石还能达到的 1.52 亿克拉，仅仅在三年之后，这一数据就下降到了 1.11 亿克拉，四年产量锐减了接近三分之一。展望未来，全球天然钻石矿藏有限，根据贝恩咨询公司发布的《2020 年全球钻石行业报告》，未来 10 年全球天然钻石的毛坯钻产量无论是增长还是下滑均处于平稳波动，乐观假设下将以每年一到两个百分点的速度增长，保守假设下将以每年一到两个百分点的速度下滑，探索新的矿产资源的可能性又很小，而日益增长的钻石消费需求仍愈演愈烈，这种供需失衡的矛盾正是培育钻石行业迎来大发展的契机。(图 1 - 19、图 1 - 20、图 1 - 21)

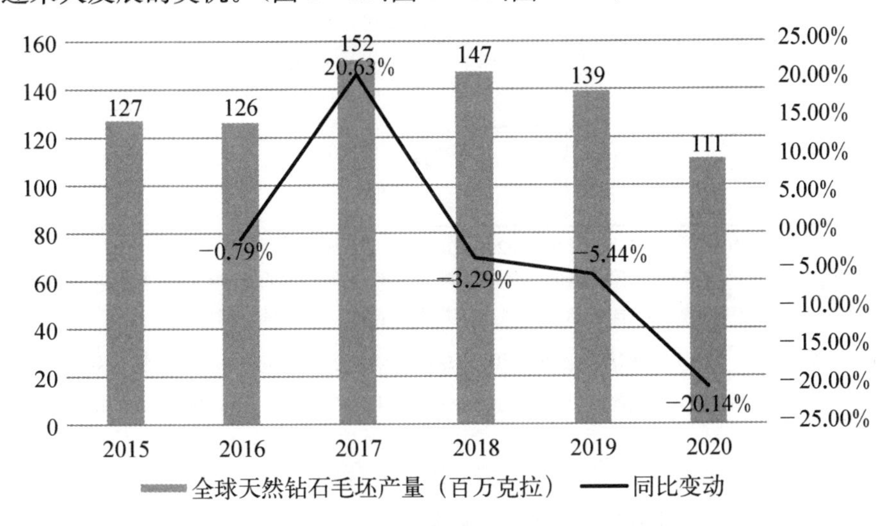

图 1 - 19 全球天然钻石的毛坯钻产量变动情况

(资料来源：贝恩咨询公司《2021 年全球钻石行业报告》，https://www.bain.cn/)

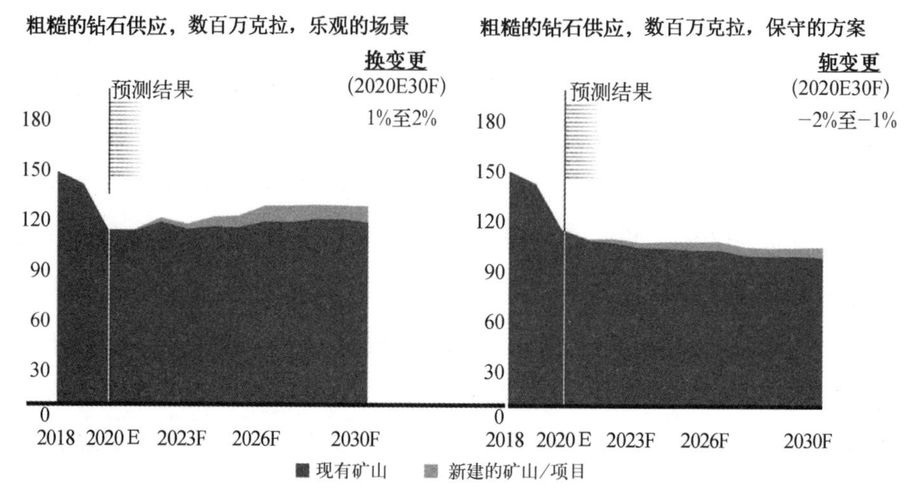

图 1－20　全球天然钻石的毛坯钻供应量未来 10 年不同假设下变动情况：乐观与保守

（资料来源：贝恩咨询公司《2021 年全球钻石行业报告》，https://www.bain.cn/）

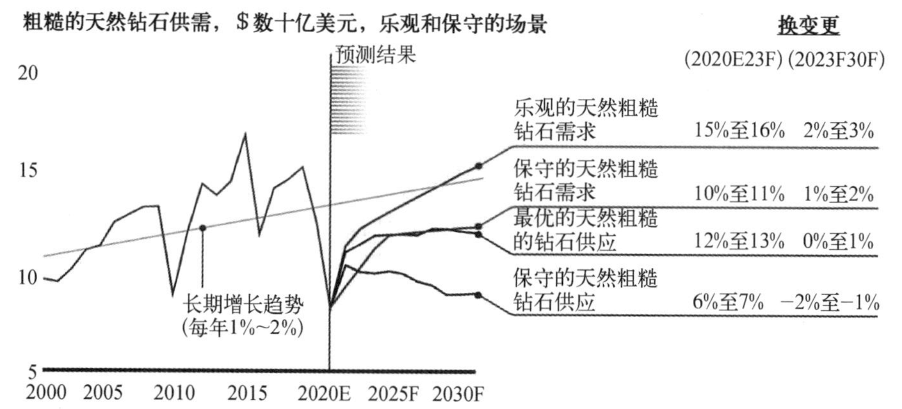

图 1－21　全球天然钻石消费供需走势及未来估计：2000—2030 乐观与保守

（资料来源：贝恩咨询《2021 年全球钻石行业报告》https://www.bain.cn/）

（3）培育钻石更符合环保趋势，更加符合碳中和的要求。

根据华经情报网的相关数据，从钻石矿中挖掘天然钻石的过程对环境的综合影响远超过实验室对培育钻石的生产过程，这样的负面影响几乎达到了7倍之多。从具体方面来看，培育钻石并不需要像天然钻石那样进行开矿、挖矿，只需要在实验室中进行生产，因此对地表环境的影响就小得多，仅为开采天然钻石的1/1 281；培育钻石对碳排放量的影响仅为天然钻石的十五亿分之一；培育钻石的生产过程对水资源的需求量更少，仅为天然钻石的六十九亿分之一；培育钻石对能源耗费的影响也不到天然钻石的二分之一。综合来看，在可持续发展理念不断深化的情况下培育钻石更符合当前国际社会对碳中和目标的追求。

1.6.3 发展机遇：技术成熟+品牌引导+秩序建立

近年来，包括豫金刚石、黄河旋风、中南钻石在内的一大批国内企业都实现了克拉级培育钻石的量产，在国际市场上，知名品牌戴比尔斯针对培育钻石市场相继推出了一系列产品，Diamond Foundry、潘多拉也紧随其后，加入培育钻石品牌的建立行列，引导消费习惯，加之国内外鉴定机构GSI、IGI、GIA、NGTC出具的培育钻石鉴定证书，培育钻石行业将迎来黄金发展，实现爆发式增长。

(1) 培育钻石技术上的成熟与完善，尤其是大克拉合成技术的发展进步，为培育钻石批量生产、走进大众视野、建立核心优势奠定了基础。各种璀璨夺目的钻石饰品不再仅仅依靠天然钻石的加工，而是可以经过设计、切割、打磨和加工等工序由培育钻石制作而成。21世纪以来，放眼全球培育钻石市场，中国产量连续20年稳居世界龙头，早在2012年，我国培育钻石已经走出国门，向全球市场进军，在部分海外地区新兴消费市场崭露头角。四年以后，我国开始对生产技术作进一步改进，尝试生产和销售采用温差晶种工艺技术生产的无色小颗粒培育钻石并逐渐追求规模效应，但此时生产技术相对不成熟、产品品质相对不稳定、市场规模相对较小，培育钻石的生产尚待进一步发展。到了2020年，国内培育钻石制造商的培育钻石技术已经实现了产业化的进步，例如利用3至6克拉的培育钻石的毛坯钻批量稳定加工1至2克拉的培育钻石饰品，加工出来的培育钻石饰品在品质上也非常具有竞争力，在4C标准分级体系中已达卓越水平，颜色可达最高等级的D色，净度也可达到VVS。

(2) 培育钻石品牌的繁荣发展,全球珠宝巨头为抓住培育钻石这一新的消费浪潮,相继开启了培育钻石业务,着手建立并大力发展培育钻石系列子品牌,旨在消费者群体中培养引导形成新的偏好。2018 年,世界天然钻石巨头戴比尔斯推出培育钻石系列 Lightbox Jewelry,由于市场需求的扩大,投资 9 400 万美元将产能扩大 10 倍以上来保证培育钻石的供给。另一个全球水晶饰品领先品牌施华洛世奇早在 2016 年便注意到了培育钻石的发展契机和潜力,并于 2018 年收购培育钻石品牌 Diamagnetic。较此两大钻石品牌更加果断的是国际著名珠宝品牌潘多拉,其在 2021 年宣布全面放弃天然钻石的使用,同年推出 Pandora Brilliance 系列培育钻石产品。与此同时,全球最大的 CVD 培育钻石制造商 Diamond Foundry 获得包括莱昂纳多在内的各界知名人士的投资,雄厚的资金使得庞大的生产工厂在北美建立起来,加上其拥有卓越的生产技术,预计 2022 年左右便可提升 5 倍产能。国内也出现了发展潜力同样巨大的领先培育钻石品牌,例如 Light Mark 小白光依靠自己的钻石打磨工厂进行培育钻石产品的生产。珠宝巨头如此大费周章的举动以及国际知名人士不遗余力地力捧,在消费者购买偏好方面起到了显著的积极作用,使消费者对培育钻石的认知度和接受度明显提升。

(3) 培育钻石的行业规范和秩序不断发展完善,与天然钻石一样受到鉴定机构认可是培育钻石真正能够被大众广泛接纳的一个重要原因。产能的扩大与培育钻石技术规范同步发展,国际机构相继推出培育钻石的鉴定证书使得消费者购买的培育钻石的品质得以保障。培育钻石行业能够良好发展的基础依赖于逐步完善的法律和规范。当前市场推广的难点和痛点在于如何改善消费者对培育钻石的认知、提升培育钻石在消费市场的认可度,通过有效手段,提高产业链上相关企业的协调能力,无论是上游毛坯钻生产商还是中游切割加工商和下游品牌商都需要参与进来,促使产业链上下游共同努力,将技术不断优化并加强设计的创新,同时注重市场营销和消费者引导,才能让培育钻石产品更加贴近消费者需求。目前,培育钻石的相关法律、行业组织以及技术规范等在全球范围内已逐步建立起来,具体包括:2018 年 7 月,培育钻石被美国联邦贸易委员会纳入钻石大类，这是培育钻石发展具有标志性的推动，之后培育钻石的发展步伐明显加快；2019 年 2 月，欧亚经济联盟推出培育钻石 HS 编码；2019 年 3 月，GIA 更新培育钻石证书的术语；2019 年 7 月，中宝协成立培育钻石分会；2019 年 11 月，世界珠宝联合会（CIBJO）创立培育钻石委员会……这一系列的法律和规范的实施，使培育钻石在消费者中的认知度和接受程度有了质的飞跃，进一步促进培育钻石行业的繁荣。

2

全球及中国培育钻石供需状况、市场竞争格局

2.1 全球及中国培育钻石的供需现状及预测

2.1.1 天然钻石储备有限，供不应求

全球天然钻石资源有限，开采难度逐渐增大，开采限制也逐渐增强。自2019年新冠肺炎疫情以来，天然金刚石开采受到严重影响，对所有细分市场都产生了重大影响。主要钻石生产国俄罗斯的Botuobinskaya、Almazy Anabara和Jubilee天然矿的产量急剧下降，博茨瓦纳的Jwaneng和Orapa两矿的产量也呈现了较大幅度的下降。2020年，钻石原石产量同比下降20%至1.11亿克拉[①]。（图2-1）

2.1.2 未来天然钻石供给增长缓慢，培育钻石可实现部分替代

目前，全球大量已探明的钻石矿已达到使用年限，未来一段时间内天然钻石供应将逐步缩减，培育钻石的优势可以实现对不可再生天然矿的部分替代，满足市场对于钻石的需求。（图2-2）

---

① 戴比尔斯The De Beers Group. 2020年钻石行业洞察报告：探索新常态下的行业趋势. https://onlynaturaldiamonds.com.cn/ndc/industry-news/20201126-1/.

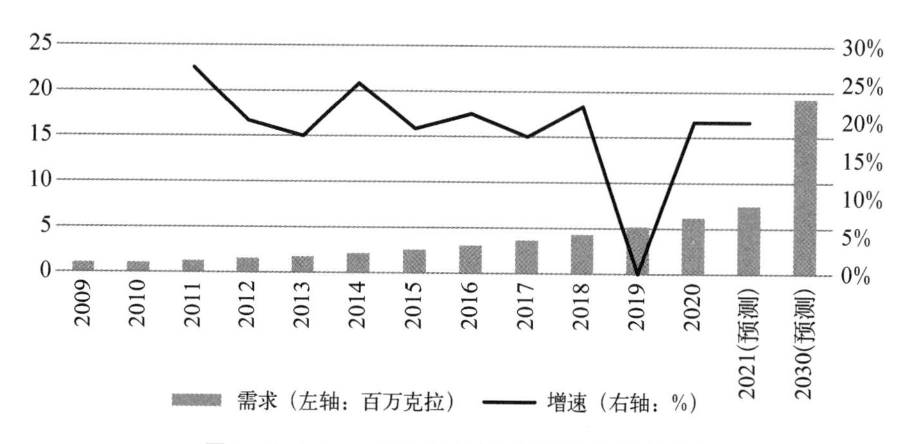

图 2-1　2009—2030 年培育钻石需求规模及预测

（资料来源：国盛证券，https://www.vzkoo.com/document/87ce8c492eb2ae0f846e24e5fe2678e6.html）

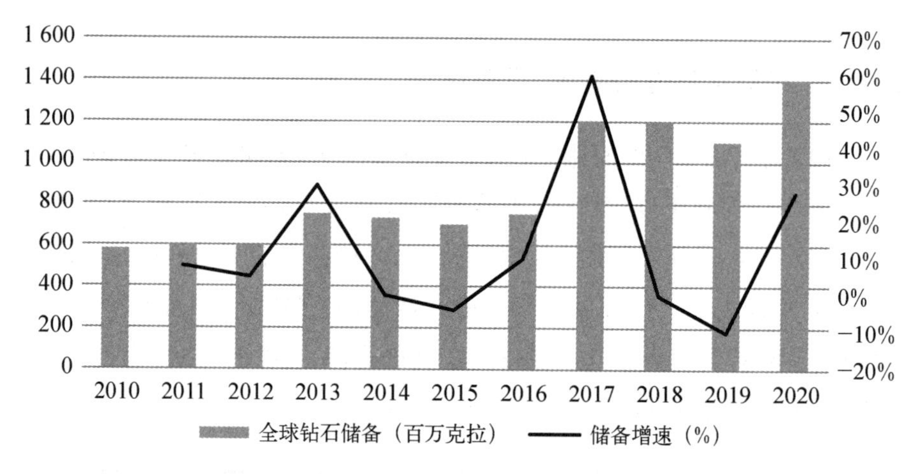

图 2-2　2010—2020 年全球已探明钻石储备量

（资料来源：国盛证券，https://www.vzkoo.com/document/87ce8c492eb2ae0f846e24e5fe2678e6.html）

2.1.3　培育钻石技术进入稳定期，可稳定产出宝石级成品钻

1965 年以来，我国培育钻石的技术不断取得突破和升级。随着郑州三磨院六面金刚石压机的研发成功，国内培育钻石及衍生产品的生产效率比国外双面压机生产效率高出近 20 倍，无论是产能还是产量都实现了质的飞跃。目前，我国培育钻石产量居世界第一。据统计，2019 年我国金刚石单晶产量为 142 亿克拉，较 2001 年增长近 20 倍。

2.1.4 海外市场率先发展，培育钻石大势所趋

早在2012—2016年，海外消费市场诞生一批实验室培育钻石品牌，如Diamond Foundry、Brilliant Earth、Diama等。2018年，培育钻石受到官方认定及国际社会认可，市场上掀起了培育钻石的浪潮，海外知名珠宝商和品牌皆顺应市场需求和行业发展趋势。在珠宝零售商的渠道推广之下，美国消费者对培育钻石的认知度从2010年的9%提高到2020年的65%，培育钻石的市场渗透率也从2016年的1.7%提高到2020年的3%。2015年，中国引进第一个实验室培育钻石品牌CARAXY，其在短时间内迅速建立了线上线下的销售渠道。随着下游渠道业务的品牌建设，在消费市场的渗透和知名度有望持续提升改善并推动强劲的需求增长。

2.1.5 需求端：培育钻消费意识养成，Z世代的钻石消费自由

（1）市场空间：中国为第二大钻石消费国，人均消费空间广阔。据De Beers估计，2020年全球钻石首饰市场规模将达到680亿美元，其中美国、中国、日本和印度是钻石消费前四位的国家，销售额分别为350亿美元、70亿美元、50亿美元和40亿美元，相应的市场份额分别占51.47%、10.29%、7.35%和5.88%。钻石属于高端消费品，钻石消费量与人均GDP相关。据统计，在钻石消费前四个国家中，美国人均钻石消费量为中国人均钻石消费量的近25倍，为印度人均钻石消费量的近32倍。从长远来看，随着中国和印度两大发展中国家经济的发展，培育钻石的需求量将持续增长。中国珠宝市场未来发展态势良好，逐步成为全球最大珠宝消费市场。从珠宝消费结构来看，2020年中国消费者在黄金和翡翠首饰上消费占比分别达到55.70%和14.80%，钻石消费投入比例仅占13.10%。然而钻石是海外消费者最为青睐的首饰，2020年珠宝消费占比47%、黄金消费占比42%。在中国，钻石作为时尚和珠宝消费的主流趋势尚未完全形成。因此，从长远来看，随着中国人均可支配收入水平的上升以及颜值经济的普及和Z世代、千禧一代消费者的自我满足感消费，钻石珠宝消费有望大量增加。（图2-3）

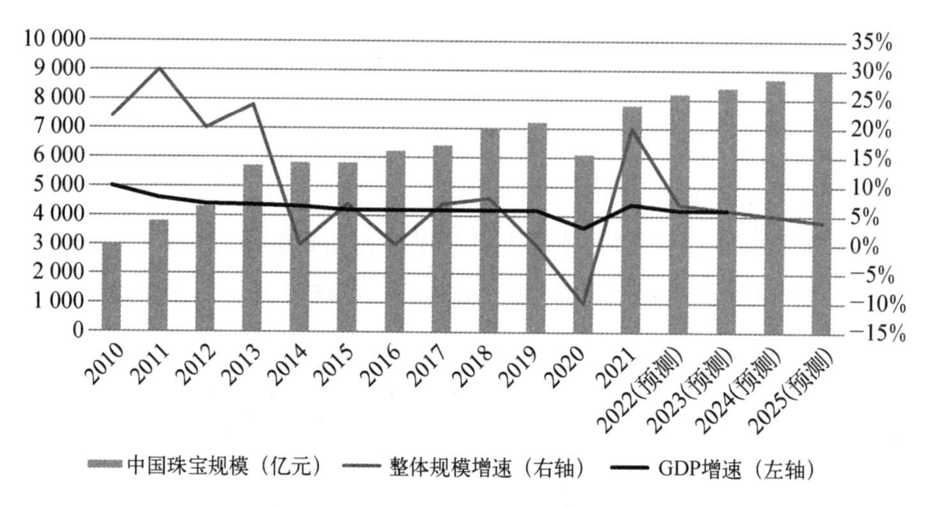

图 2－3　我国珠宝规范总量增速

（资料来源：未来智库 https://www.vzkoo.com）

（2）需求端多元化：钻石及衍生产品面向大众消费。培育钻石的市场定位于新一代年轻人，这群消费者更容易接受新事物，培育钻石的可塑性与持续量产能够充分满足年轻人对于钻石的需求。从市场结构分析，国内培育钻石正处于初步发展阶段，整体认知度和普及率还不够高，主要消费环境处于少数一、二线城市。随着认知率和普及率的提高，其他城市及地区未来还存在巨大的市场空间。从需求端来看，目前钻石消费主要用于婚礼的刚性需求。这也是基于天然钻石的珍稀形成的消费特点，再消费需求明显降低。培育钻石改变了人们对于天然钻石的天然优势的看法，将时尚与创新作为对于钻石的主要看法正在逐步加强。图 2－4 显示，2019 年中国珠宝首饰消费结构以轻奢为主。近 68.5%的消费者倾向于 2 000 元以下的首饰，仅 1.5%的消费者会选择

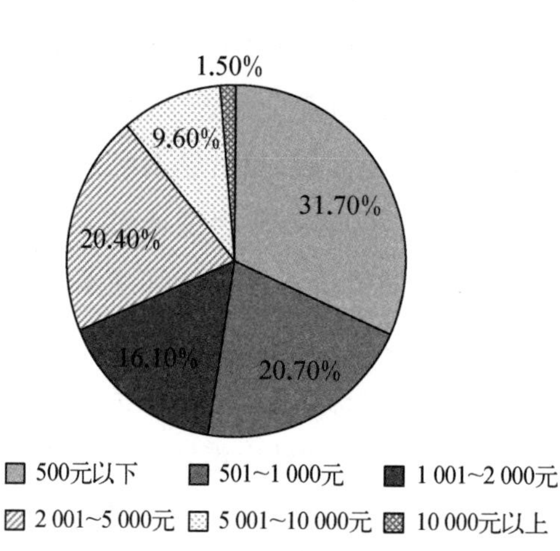

图 2－4　2019 年中国消费者首饰购买价格占比

（资料来源：未来智库 https://www.vzkoo.com）

10 000 元以上的首饰。因此,培育钻石的优势逐步显现,其轻奢的特点能满足市场上大部分的消费群体。其在婚庆市场中发展潜力巨大,对于价格敏感的消费者更具吸引力。

(3) 时尚角度:弹性需求下性价比优势显现。消费者更关注钻石的工艺和生产技术,但不执着于品牌的选择。据艾媒咨询公司的调研结果表明,2019 年中国消费者中只有 36.4%的消费者有特定的品牌偏好。培育钻石在社交场合也带有很高的标签,比宝石和贵金属更有吸引力。与轻奢品牌的比较,在同一价格区间,消费者倾向于选择性价比更优的培育钻石。例如,消费者购买 4 000～5 000 元价格区间的珠宝首饰,小白光等培育钻石品牌可提供钻石饰品,相比较潘多拉、施华洛世奇等提供银、锆石、水晶等手链饰品,培育钻石系列更受消费者的青睐。

2.1.6 中国钻石行业现状及未来发展:渠道下沉与产品多元化

一是产业链:国内钻石企业主要集中在产业链中下游。由于我国毛坯钻石原料矿产资源的匮乏,毛坯钻和成品钻主要通过保税贸易和一般贸易这两种方式进入中国市场。保税贸易是指毛坯钻或成品钻进口到中国海关后,凭签订的加工合同,可以送到相应的工厂完成切割、抛光、翻新等工序。一般贸易是指已完税后允许在大陆市场销售的货物。从 2000 年上海钻石交易所成立到 2011 年期间,我国钻石贸易总额实现了高速增长,2011 年贸易总额达到 47.07 亿元,相比 2001 年的 1 400 万美元,年复合增长率高达 78.92%,但 2012—2018 年上海钻石交易所钻石交易总额年复合增长率便回落至 6.94%,远不及前期水平,造成增速大幅回落的原因,一方面是尽管我国在金融危机后利用多项刺激性政策保证经济发展,但终究难以摆脱金融危机后全球经济不景气的宏观环境负面影响;另一方面是前期国内钻石珠宝供给远低于需求导致供不应求的局面,致使行业经历了超高速增长,而在国内钻石珠宝供给逐渐匹配真实消费需求时,钻石交易总额的增长速度便自然会回落至匹配钻石珠宝实际消费需求的增长水平。

二是资本结构:竞争格局呈现三足鼎立态势。海外钻石首饰大品牌历史悠久，知名度高，产品定价定位偏向高净值客户，由于目前我国的高净值收入人群在社会中的占比相较于发达国家依旧较低，导致这些国外高端品牌在中国钻石首饰市场的份额相对较低。为了更高效地接触到符合自身品牌定位的高净值客户，外资品牌的自营门店大多开设在人均可支配收入较高的一、二线城市。在产品定价方面和市场定位方面，我国香港和内地钻石首饰品牌以中等收入群体为主，产品异质性较低。因此，它们之间的竞争十分激烈，需要依靠足够资本开拓渠道，才能在市场上保持稳定的立足点。在我国人均可支配收入实现阶段性跨越的同时，三、四线城市居民作为更大一部分消费群体，对于钻石首饰的消费欲望会逐渐提升，尽管消费能力远低于一、二线城市居民的水准，这对于在一、二线城市与外资品牌难以抗衡的我国香港和内地钻石珠宝品牌而言无疑是一片新天地。（图 2－5、图 2－6）

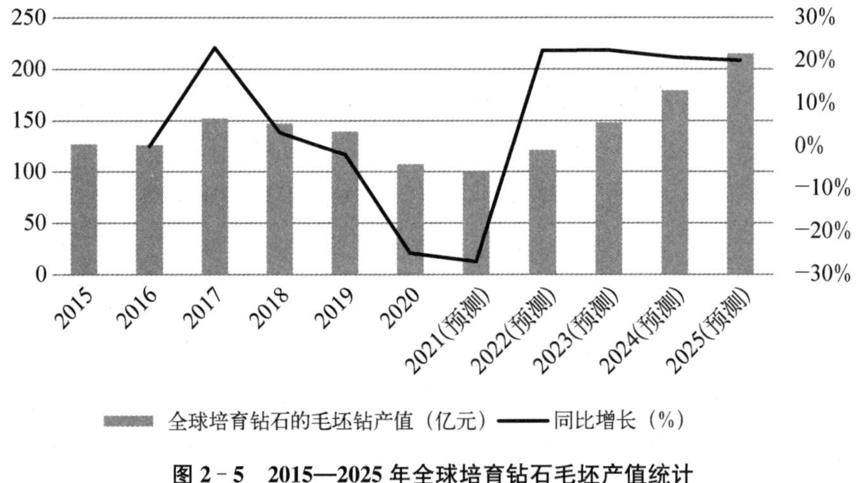

图 2－5　2015—2025 年全球培育钻石毛坯产值统计

（资料来源：De Beers，http://www.DeBeers.com.cn）

图 2－7 显示，全球钻石珠宝消费需求总体相对稳定，只有美国呈现增长趋势，2019 年，美国钻石珠宝销售额达 380 亿美元，相比 2018 年增加 20 亿美元；中国钻石珠宝销售额为 100 亿美元，与 2018 年持平。受人均可支配收入及钻石认知度提升的影响，中国钻石消费市场在未来一段时期内将持续扩张。

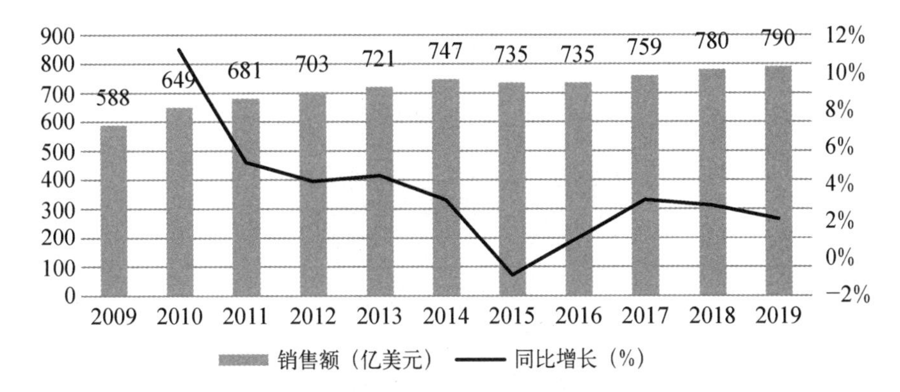

图 2－6　2009—2019 年全球钻石珠宝销售额统计

（资料来源：De Beers、智研咨询，http://www.ibaogao.com/）

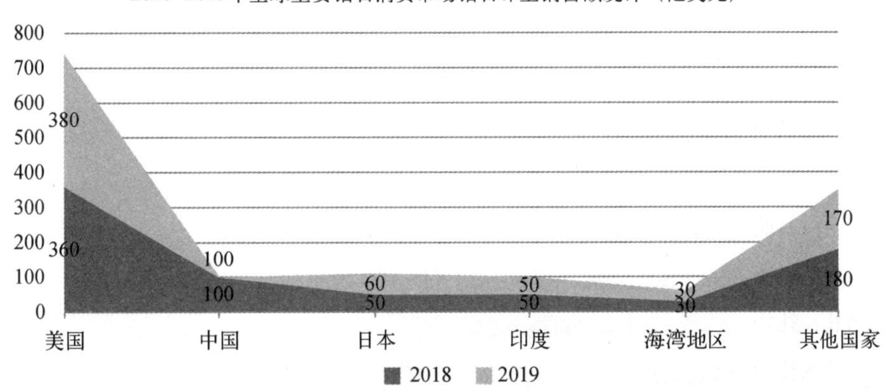

图 2－7　2018—2019 年全球主要钻石消费市场钻石珠宝销售额统计

（资料来源：De Beers、智研咨询，http://www.ibaogao.com/）

2019 年，美国钻石珠宝销售额占全球钻石珠宝总销售额的 48.10%，占比最大；中国钻石珠宝销售额占全球钻石珠宝总销售额的 12.66%；日本钻石珠宝销售额占全球钻石珠宝总销售额的 7.59%；印度钻石珠宝销售额占全球珠宝首饰销售额的 6.33%。（图 2－8）

图 2－9 显示，在以美国、中国和印度为代表的钻石消费大国中，钻石首饰在婚庆市场的渗透率逐渐升高到转折点，市场溢价红利趋势下降。“自我满足”和非婚庆场景需求的增长，有望继续带动行业高景气度。其中“犒劳自己”成为中美两国钻石消费的最大原因。

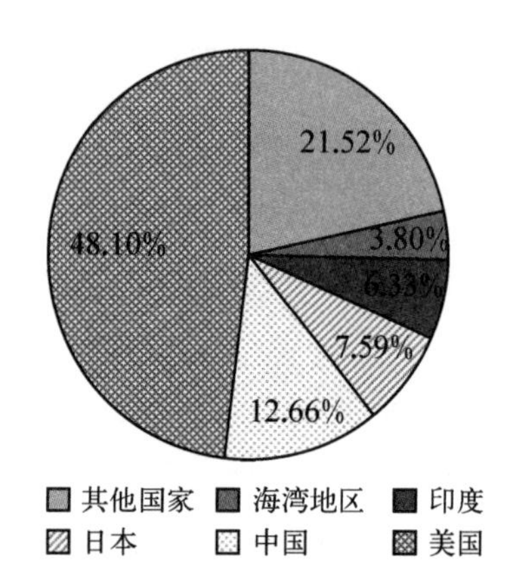

图 2-8　2019 年全球主要钻石消费市场钻石珠宝销售额占比

（资料来源：De Beers、智研咨询，http://www.ibaogao.com/）

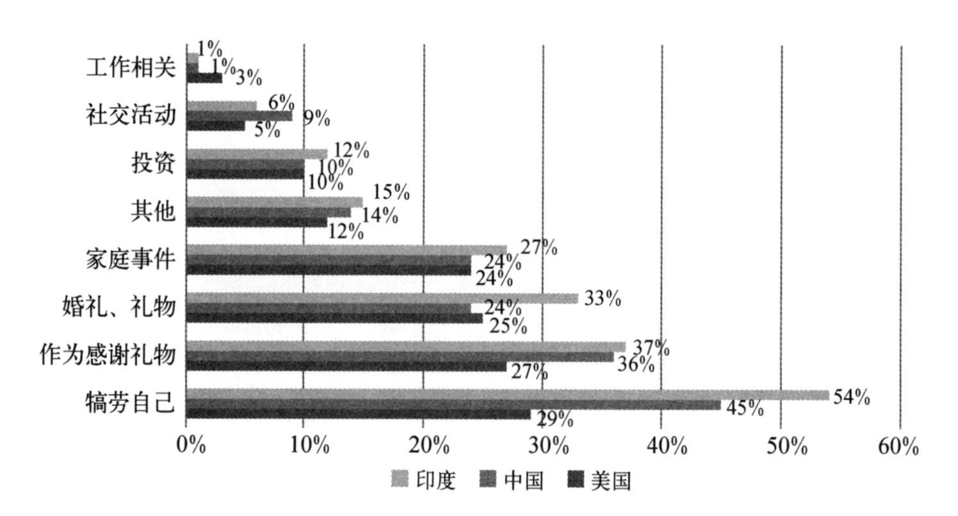

图 2-9　犒赏自己逐渐成为钻石消费的主要原因

（资料来源：贝恩、智研咨询，http://www.ibaogao.com/）

图 2-10 显示，全球培育钻石的产量及渗透率在近几年取得了突破性上涨，渗透率从 2018 年的 1.44%上涨到 2020 年的 7%，培育钻石产量从 2018 年的 150 万克拉，上涨到 2020 年的 700 万克拉，相比 2019 年增加 100 万克拉，同比增长 16.7%，培育钻石的产量及渗透率在未来将呈现持续上涨的趋势。（图 2-10）

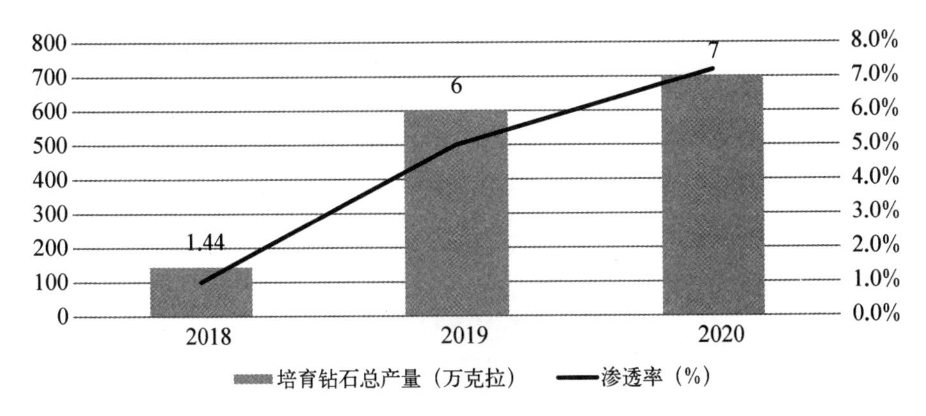

图 2-10 2018—2020 年全球培育钻石产量及渗透率统计

（资料来源：贝恩、智研咨询，http://www.ibaogao.com/）

由图 2-11 可知，尽管全球培育钻石的单价在下降，但巨大的市场需求使得全球培育钻石市场仍保持高速增长。预计 2025 年全球培育钻石原石产值将达到 215 亿元人民币，加工成钻石首饰的培育钻石价值约为原石价值的 4 倍。培育钻石将渗透到更多原本天然钻石尚未开拓的应用场景，不仅是天然钻石的替代品，还有望刺激更多的市场需求。

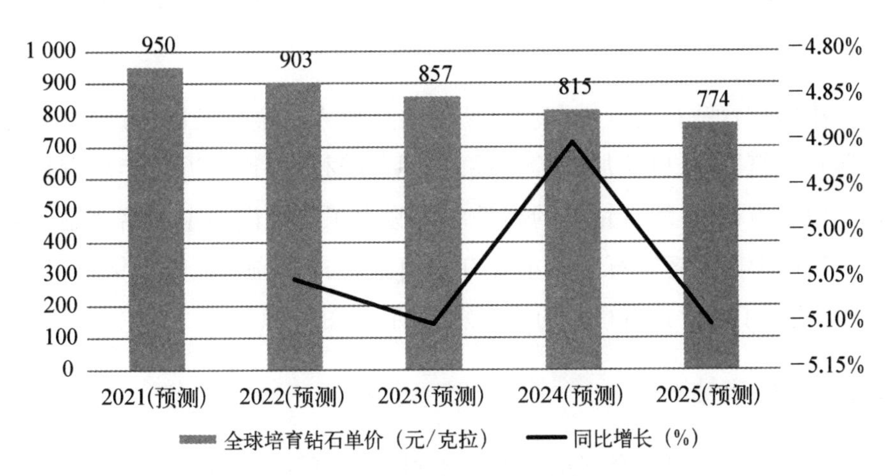

图 2-11 2021—2025 年全球培育钻石单价统计

（资料来源：智研咨询，http://www.ibaogao.com/）

如图 2-12 所示，2019 年，全球培育钻石产量的 54%来自中国，14%来自印度，12%来自美国，10%来自新加坡，3%来自俄罗斯，2%来自英国，5%

来自其他国家和地区。而中国钻石消费市场还有很大的发展空间，市场渗透率不足1%。渗透率的提升也将为培育钻石市场的扩展提供动能。

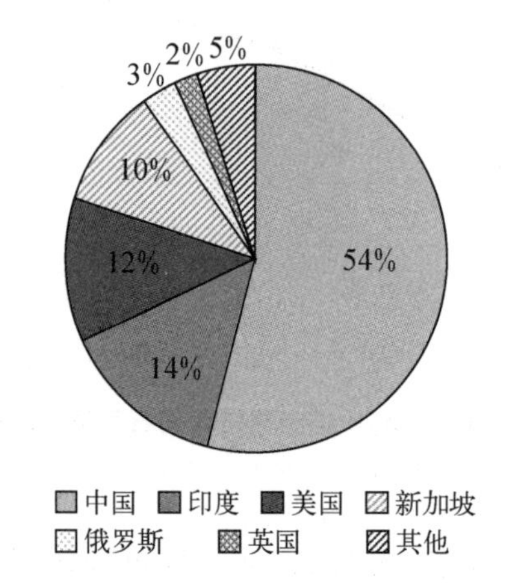

图 2－12　2019 年全球培育钻石供给市场竞争格局

（资料来源：贝恩、智研咨询，http://www.ibaogao.com/）

2.2　中国培育钻石主要企业产量、产值及市场份额

中国培育钻石的主要企业早期主要从事人造金刚石的生产，主营业务包括建筑器材、机器加工等领域的器具原材料生产。近几年培育钻石逐步渗透市场，且培育钻石的高毛利率吸引了一批国内主要培育钻石企业。目前中国培育钻石企业主要有中南钻石、黄河旋风、力量钻石、沃尔德等，迎来了培育钻石行业的快速发展期。（图 2－13）

2.2.1　中南钻石

中兵红箭是目前全球最大的超硬材料科研及生产基地，其主要产品包括人造金刚石和立方氮化硼单晶等系列产品、复合材料、培育钻石等，产品出口全球多个国家和地区，综合产量及销量位列全球第一。2020 年，其全资子公司中南钻石营业收入达 19.22 亿元，归母净利润 4.10 亿元，同比增加 25.42%。（图 2－14、图 2－15、图 2－16）

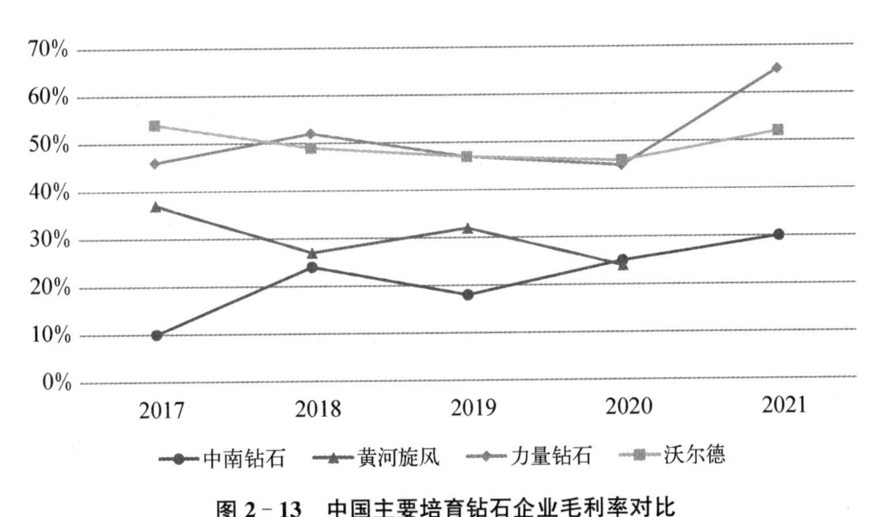

图 2-13 中国主要培育钻石企业毛利率对比

(资料来源：智研咨询，http://www.ibaogao.com/)

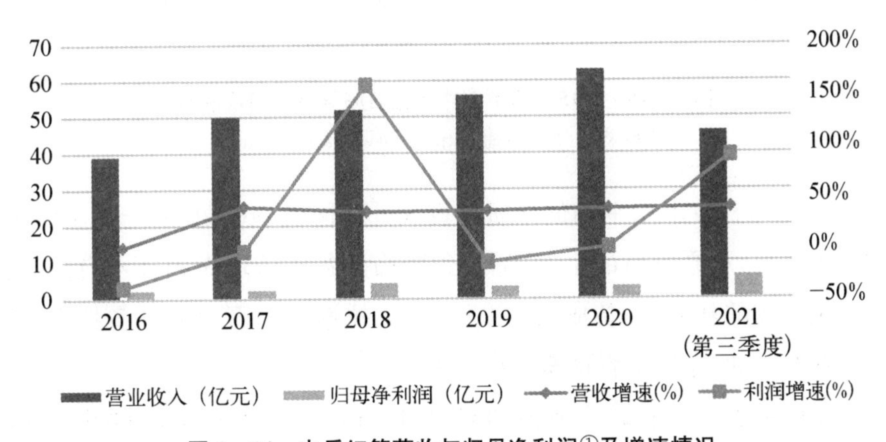

图 2-14 中兵红箭营收与归母净利润①及增速情况

(资料来源：智研咨询，http://www.ibaogao.com/)

① 归母净利润是指归属于母公司所有者的净利润。

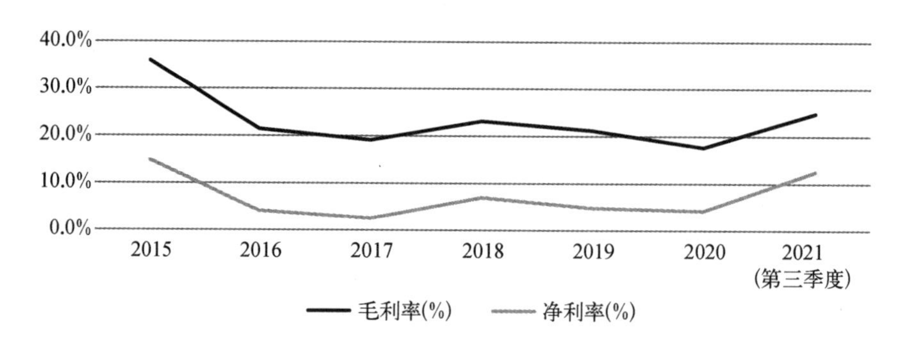

图 2-15　中兵红箭毛利率和净利率

(资料来源：智研咨询,http://www.ibaogao.com/)

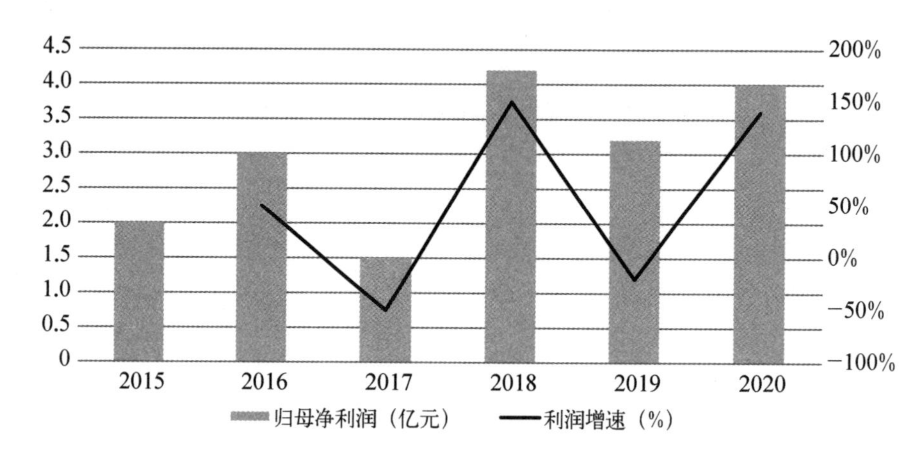

图 2-16　2015—2020 年中南钻石归母净利润及增速

(资料来源：智研咨询,http://www.ibaogao.com/)

中南钻石技术水平和创新研发投入处于国内领先,拥有产品全流程的技术优势,从原材料的生产、加工到装饰等各环节均做到技术自控,具有自主研发的基地,具备成熟的 20～50 克拉培育钻石单晶制备技术,可以实现 20～30 克拉培育钻石的批量生产。

中南钻石已具备较为成熟的 CVD 培育钻石制备技术,包括厘米级高温高压 CVD 晶种制备技术,且技术和工艺位于国际领先水平。

2.2.2　黄河旋风

黄河旋风是为数不多的集多门类产品、完整产业链、规模可观的超硬材料及制品产能于一体的企业，其产业规模和技术水平在行业领域内具有明显优势。作为培育钻石企业，其高品级钻石占比超过50%，且每年投入大量经费参与技术研发，批量生产了大批高品质的培育钻石毛坯钻。2015年，黄河旋风"宝石级金刚石系列产品开发与产业化"项目取得突破性进展，于2019年突破5～6克拉培育钻石单晶制备，在国内外3～5克拉首饰用培育钻石市场均占有稳定份额。2020年，黄河旋风的培育钻石销量在全球培育钻石销售市场占比达到20%左右，其中高品级培育钻石占比达50%以上。（图2－17、图2－18）

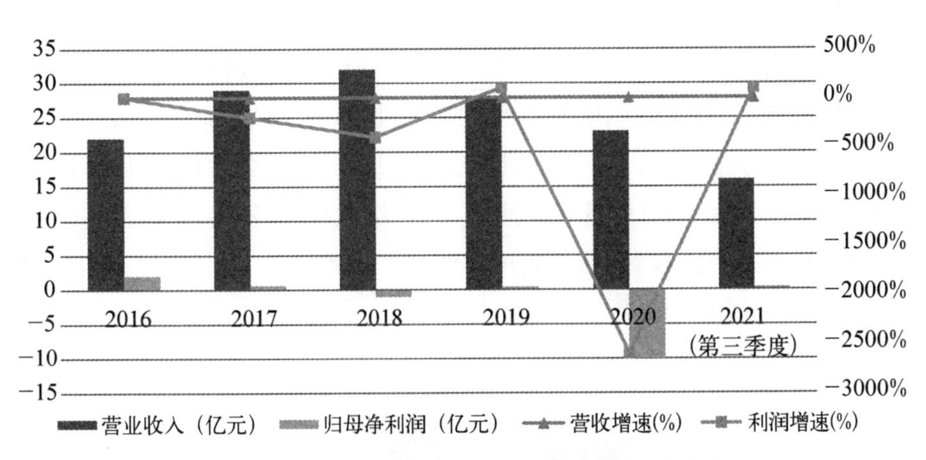

图2－17　黄河旋风营业收入与归母净利润及增速情况

（资料来源：智研咨询，http://www.ibaogao.com/）

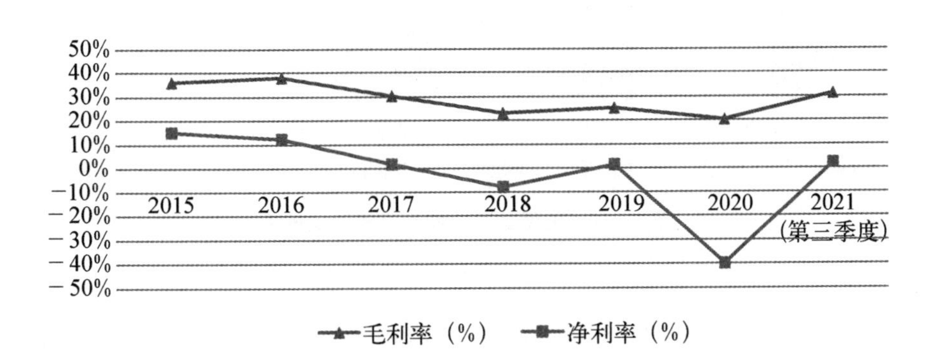

图2－18　黄河旋风毛利率和净利率

（资料来源：智研咨询，http://www.ibaogao.com/）

培育钻石行业在国内处于初步稳定发展阶段，且即将迎来快速发展期和市场扩张，黄河旋风作为培育钻石生产的龙头企业，未来具有可观的发展空间和市场红利。仅2021年一个季度营业收入就达到18.97亿元，归母净利润达4 049.15万元，同比增长135.07%。

2.2.3 力量钻石

力量钻石是一家主要从事培育钻石研发、生产的高新技术性企业，每年投入大量研发经费参与自主研发，目前掌握了成熟的培育钻石原材料制备技术、大腔体合成系列技术、高质量培育钻石合成技术等人造金刚石生产五大核心技术体系，在培育钻石行业具备一定的技术优势和技术更新迭代潜力。2020年，力量钻石的营业收入达2.45亿元，同比增长10.67%；归母净利润0.73亿元，同比增长15.64%。公司的金刚石单晶、金刚石微粉、培育钻石产量分别达到5.64亿克拉、3.74亿克拉、13.64万克拉。2018—2020年，力量钻石的产能和产量均增长2倍，产销率也实现快速增长。（图2-19）

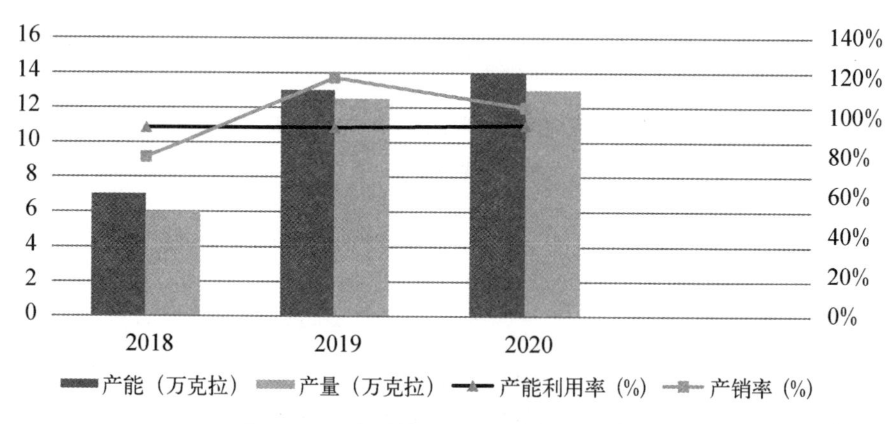

图2-19 力量钻石产能与产量增长迅速

（资料来源：智研咨询，http://www.ibaogao.com/）

力量钻石在不断推进HPHT技术优化升级的同时，开展了CVD技术基础研究，并积极探索合成金刚石在各个领域的产业化应用可能性。对合成设备的腔体进行优化，自主研发了与大腔体合成设备相匹配的一系列合成工艺和技术，极大改善设备性能以及合成控制工艺技术的精度和稳定性。力量钻石在人造金刚石制备技术中具有行业领先优势，可以自主生产 25 克拉超大单晶培育钻石，同时具有实现量产 2～10 克拉高品级培育钻石的能力。受益于培育钻石市场消费需求和生产供应水平的快速增长，业绩增长显著。2017—2021 年，力量钻石营业收入及归母净利润均有可观的上涨，其中 2017 年至 2020 年收入复合增速达 22.76%。受钻石行业未来一段时间的利好发展，力量钻石可能会将培育钻石作为核心业务发展。（图 2 - 20）

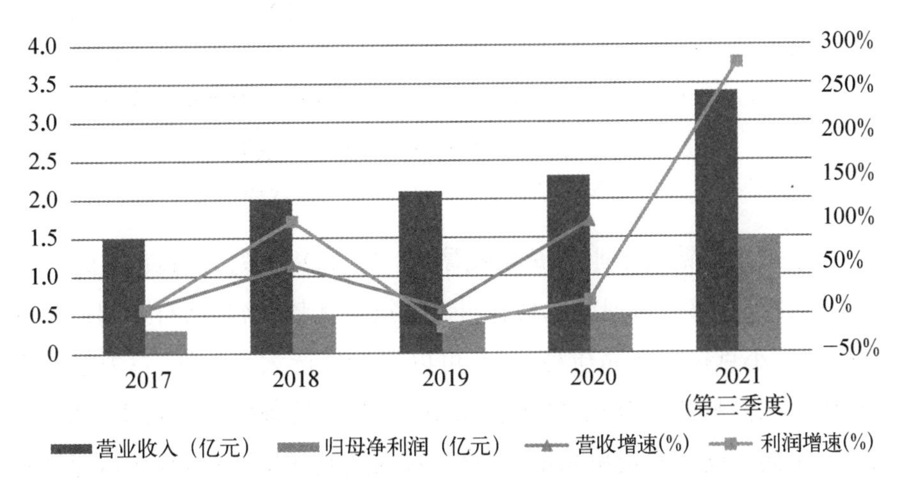

图 2 - 20　力量钻石营收与归母净利润及增速情况

（资料来源：智研咨询，http://www.ibaogao.com/）

2.2.4　沃尔德

沃尔德是少数同时掌握热丝、直流和微波 CVD 技术的企业之一，其凭借丰富的技术储备和强大的产品创新能力，获得 132 项国内外专利，其中发明专利 24 项，是国内 CVD 金刚石制备技术领先的超硬材料供应商。

沃尔德在超硬材料及产品制备行业领域具备多年经验，掌握了成熟的 CVD 金刚石制备技术，可以通过 MPCVD 工艺生产单晶金刚石。目前已成功培育出不同色度的白钻、粉钻和黑钻，并且可以较为稳定地培育生产 4～5 克拉质量的单晶钻石毛坯以及 10～11 克拉的钻石毛坯，产品合格率达到

80%以上。2021年,随着沃尔德采购的首批20台培育设备完成交付与投入,伴随行业景气的延续,未来培育钻石业务发展潜力巨大。(图2-21)

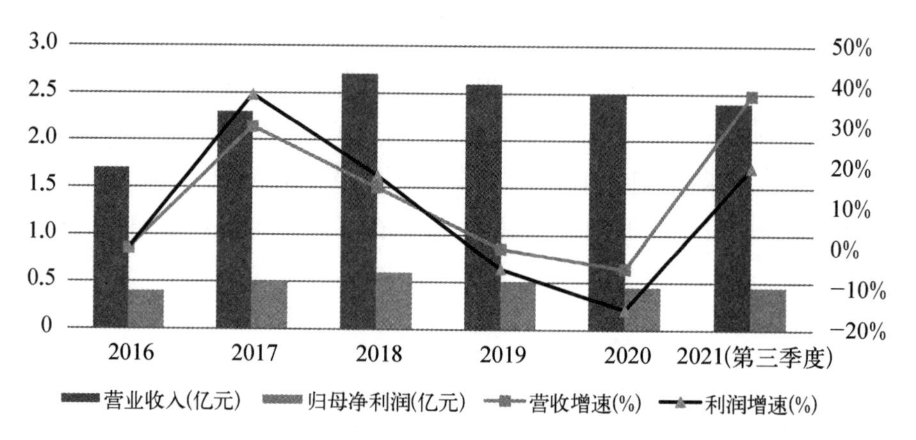

图2-21 沃尔德营收与归母净利润及增速情况

(资料来源:智研咨询,http://www.ibaogao.com/)

从中国培育钻石企业总资产来看(图2-22),中兵红箭资本雄厚,产销量均居行业前列;黄河旋风具有明显的技术优势,培育钻石系列产品的品质较高,小克拉钻石品质稳定,并可以规模生产大克拉钻石;力量钻石相比中兵红箭和黄河旋风,资本积累不足,但是具备明显的技术优势,可以生产不同色度的稳定单晶钻石,营业收入及利润增速可观,在培育钻石行业具有一席之地。

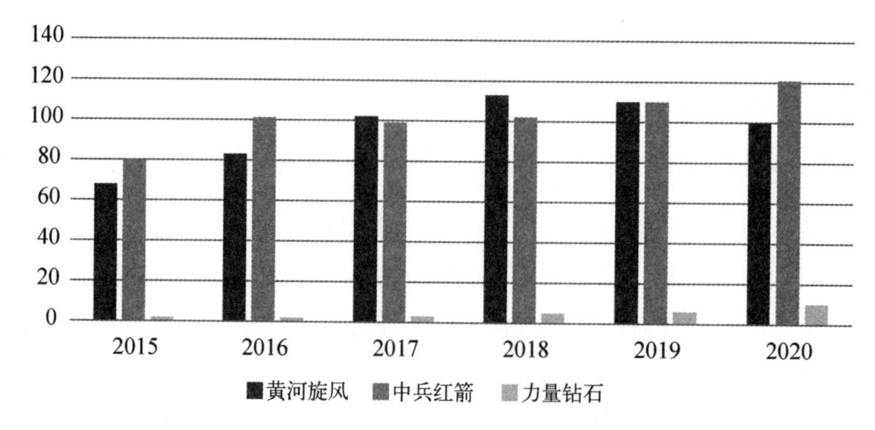

图2-22 2015—2020年中国培育钻石行业重点上市企业总资产统计(亿元)

(资料来源:Wind数据库,https://www.wind.com.cn/)

从营业收入看，2020年，除黄河旋风外，中兵红箭和力量钻石的总营业收入均保持增长趋势，其中中兵红箭的增幅最为明显。黄河旋风的总营业收入为24.51亿元，比2019年减少4.63亿元；中兵红箭总营业收入达到64.63亿元，比2019年增加11.41亿元；力量钻石总营业收入为2.44亿元，比2019年增加2 300万元（图2－23）。中国培育钻石重点上市企业数量不多，占据全国大部分市场份额。

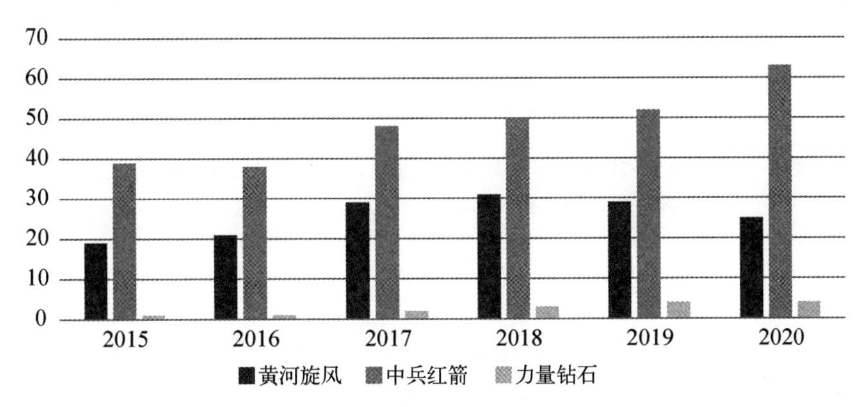

图2－23　2015—2020中国培育钻石行业重点上市企业营业总收入统计（亿元）

（资料来源：Wind数据库，https://www.wind.com.cn/）

从归属净利润来看，黄河旋风近几年归属净利润较为波动，2018年及2020年归属净利润呈负增长，其中2020年为－10亿元。中兵红箭和力量钻石归属净利润均保持正向增长趋势，其中中兵红箭增幅明显。2020年，力量钻石的归属净利润达0.73亿元，较2019年增加0.09亿元；中兵红箭2020年的归属净利润达2.74亿元，较2019年增加0.19亿元（图2－24）。

从毛利率来看，自2015年后，黄河旋风的毛利率出现明显下滑。2020年，黄河旋风的毛利率为20.17%，较2019年减少4.87%；中兵红箭的毛利率为17.58%，较2019年减少3.67%；力量钻石的毛利率为43.38%，较2019年减少0.57%；力量钻石由于具有技术优势，毛利率从2015年的24%持续飙涨至2018年的51%，远远超过黄河旋风和中兵红箭，虽2019—2020年的毛利率逐年下降，但仍远高于中兵红箭和黄河旋风（图2－25）。

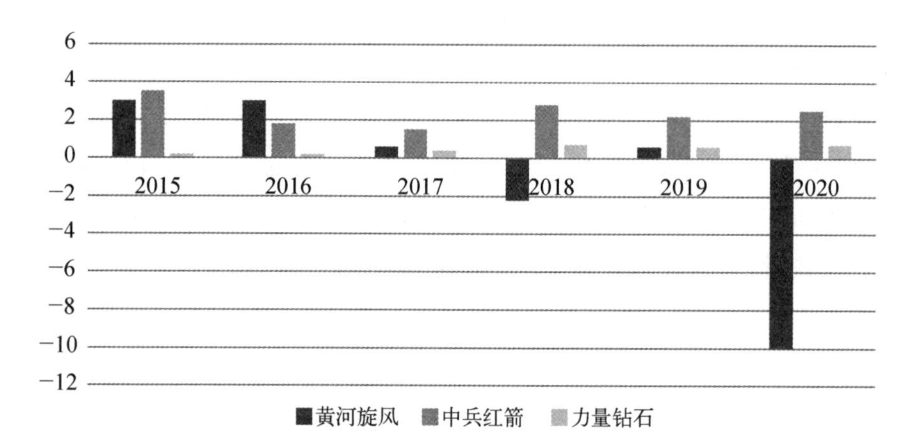

图 2－24　2015—2020 中国培育钻石行业重点上市企业归属净利润(亿元)

(资料来源：Wind 数据库，https://www.wind.com.cn/)

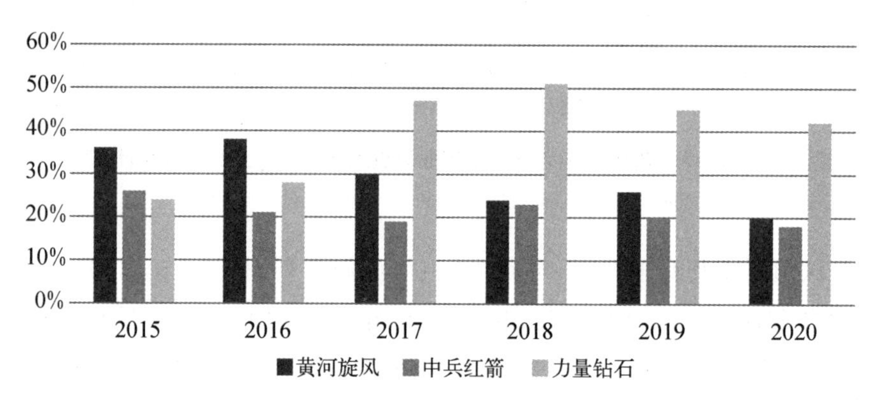

图 2－25　2016—2020 年中国培育钻石行业重点上市企业毛利率

(资料来源：企业年报、智研咨询，http://www.ibaogao.com/)

2.3　全球及中国培育钻石市场集中度分析

2.3.1　全球培育钻石集中度分析

全球钻石珠宝零售市场主要集中在美国和中国，其中美国零售市场占比最大，为 50.6%；中国市场占比为 12.4%；排名第二；日本为 6.2%；

海湾地区的国家占比约为 5.3%；印度占比约为 3.9%；其他地区占比约为 21.6%（图 2-26）。

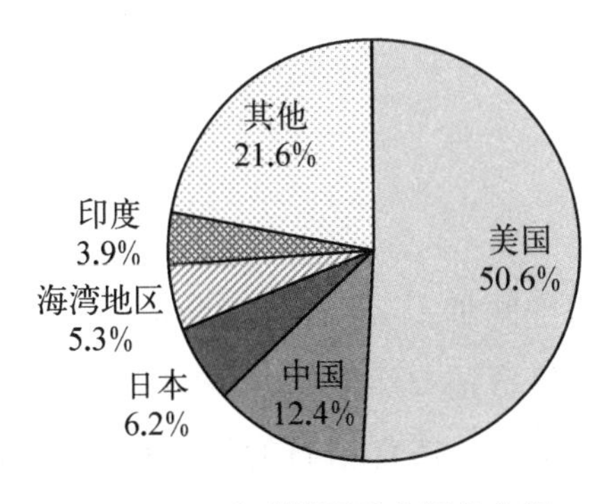

图 2-26 全球钻石珠宝零售市场集中度分布

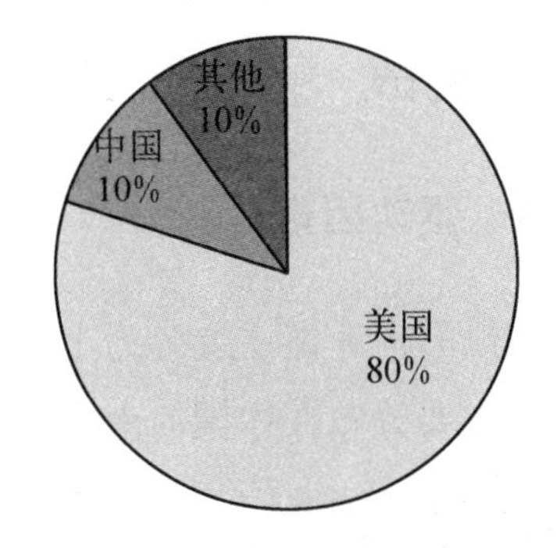

图 2-27 全球钻石珠宝消费市场集中度分布

（资料来源：贝恩咨询，http://www.bain.cn/）

全球培育钻石珠宝消费市场中，美国约占全球的 80%，中国仅占全球的 10%，为美国的八分之一，这也说明中国的培育钻石市场发展空间巨大，其余国家仅占全球消费市场的 10%（图 2-27）。

2.3.2 中国培育钻石原石集中度分析

培育钻石的生产链上游段的市场集中度较高，主要企业形成了技术垄断等行业壁垒，未来供应端市场格局较为稳定。高品质培育钻石对企业的生产技术和工艺水平提出了更严苛的要求，具备行业壁垒，竞争相对较小。未来产业集聚将形成品级分化，随着客户对高品级的人造金刚石产品的需求和标准的不断提高，只有更具创新能力的大企业才能在竞争中占据主导地位，因此，积累竞争优势、扩大经营规模、筑高行业门槛等行业集中化趋势日渐显现。

中国河南省的中南钻石、豫金刚石、黄河旋风为现有“培育钻石三大龙头”，培育钻石生产销售占全国近 80%的市场份额。还有少数企业正逐步扩大市场竞争优势，争夺市场，行业集中化趋势也逐步显现。

2.4 培育钻石市场动力学分析：驱动因素、机遇和挑战

2.4.1 驱动因素

金刚石产业链主要分为上游生产、中间加工、下游终端经销。上游生产企业主要分布在中国河南省，占中国培育钻石产能的90%以上，占据全球产能的40%～50%。中间加工环节主要为培育钻石的切割打磨、毛坯加工抛光等，这一部分进入门槛较低且需要大量劳动力，主要集中在印度地区，占据全球95%的钻石加工生产，仅有3%左右的钻石切磨产能分散在中国广东、广西、河南、湖南等地。下游终端经销商主要从事培育钻石的分销零售。培育钻石零售市场主要集中在美国、中国和印度，中国与印度是未来培育钻石最具发展空间的两个消费市场。美国是全球培育钻石最成熟的消费市场，2019年占据了培育钻石消费近80%的市场份额。

培育钻石的市场定价由上游生产商和下游经销商共同决定，其利润分配呈现"微笑曲线"（图2-28）。钻石产品定价差异性还取决于其颜色、

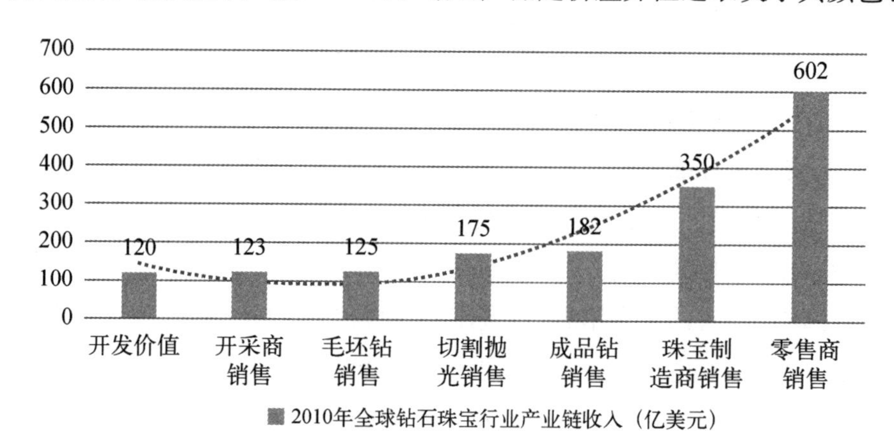

图2-28 产业链中企业利润分配呈现"微笑曲线"

（资料来源：贝恩咨询，http://www.bain.cn/）

纯净度和质量,技术和工艺水平直接影响培育钻石的品质,上游生产商的生产技术直接决定培育钻石的市场竞争力。在终端销售环节,品牌的影响力和营销成本决定了裸钻加成率,优质的零售品牌商拥有更高的品牌溢价空间。因此,上游技术壁垒和下游品牌溢价使培育钻石产品毛利率可分别达到50%~60%和60%~70%,中游加工环节进入门槛低,不具备核心竞争力,毛利率仅为5%~10%。

例如,1克拉培育钻石毛坯原料的生产加工,上游毛坯生产商的毛坯原料的平均成本为630元/克拉,而出厂价为1 575元/克拉,中间毛利率可达60%;中游钻石加工商以1 575元购入1克拉培育钻的毛坯钻进行切割加工,损耗率为66.67%,可产出30分大小的裸钻,出厂价为1 750元,中间毛利率为10%;下游经销商以1 750元购入30分裸钻并配以戒托,叠加品牌宣传与渠道布局等相关费用,最终零售价可达5 000元,加价倍率达186%,毛利率可达65%。

2.4.2 中国奢侈品钻石市场的崛起

中国经济率先从全球金融危机中复苏,成为中流砥柱。与此同时,中国市场也成为本次全球奢侈品钻石业中的一枝独秀。2009年,当奢侈品钻石行业处于受金融危机影响最大时,中国的奢侈品钻石需求增长30.2%,超过日本。2016年,中国奢侈品钻石进口额加速增长,同比增长85.3%,继续保持世界第二大奢侈品钻石消费市场的地位。目前,中国市场已经引起了全球奢侈品钻石行业的关注,引发了一场"中国奢侈品钻石热潮"。综合分析崛起的中国奢侈品钻石市场,主要可概括出以下四个特点:

(1) 中国奢侈品钻石婚庆消费市场巨大。得益于De Beers集团在中国近20年的奢侈品钻石营销,中国人已普遍认可奢侈品钻石的情感联系和保值特性。因此中国的奢侈品钻石消费群体非常广泛,但购买奢侈品钻石的用途以订婚钻戒为主。据统计,中国每年有1 000万对新婚夫妇,其中65%的新婚夫妇会购买奢侈品钻石。中国婚庆消费需求不仅推动了全球奢侈品钻石价格的上涨,也改变了全球奢侈品钻石商家的销售习惯,将旺季从原来的圣诞季延长到次年的春节。

(2) 中国奢侈品钻石市场的增长将呈现良性循环。目前,钻石在中国市场的消费主要用于单粒晶钻的婚戒,质量大多在 20～40 分,同时 50 分以上及 1 克拉以上的钻石的市场需求正逐渐提高。随着中国经济与人均可支配收入的增长,中国市场奢侈品钻石的消费规模将扩大,消费水平将提高。消费增长带来的奢侈品钻石价格上涨将进一步增强中国奢侈品钻石消费的信心指数,“买涨不买跌”的心理会继续推动 1 克拉以上高端奢侈品钻石市场的发展。

(3) 奢侈品钻石在投资领域面临长期挑战。随着奢侈品钻石价格的稳步上涨和 1 克拉以上的奢侈品钻石价格的继续上涨,奢侈品钻石将受到一些投资者的青睐。但从过去十年的全球投资商品价格分析,虽然高端奢侈品钻石的价格一直保持稳定增长,奢侈品钻石的投资回报率仍无法与黄金相提并论,更无黄金无可比拟的流通性(表 2 - 1)。近年来,对中国黄金首饰趋势的相关研究也印证了奢侈品钻石所面临的挑战。在中国珠宝消费者的购买意愿中,黄金首饰始终是首选,从 2009 年的 43%上升到 2016 年的 61%,铂金和奢侈品钻石紧随其后。

表 2 - 1　2000—2016 年全球投资品回报率比较

投资品	黄金	铂金	5 克拉 奢侈品钻石	3 克拉 奢侈品钻石	1 克拉 奢侈品钻石	50 分 奢侈品钻石
回报率(%)	411.2	177.9	152.7	94.7	35.2	−4.3

(资料来源:奢侈品钻石生产销售消费市场研究调查报告)

(4) 奢侈品钻石在奢侈品等消费领域面临多重挑战。高端钻石品牌的奢侈品钻石或大颗粒(钻石)一方面享受着高增长带来的富人购买力,比如:世博会期间,欧盟比利时馆售出近 2 000 款奢侈品钻石,其中最昂贵的奢侈品钻石的售价为 9 万美元。另一方面,奢侈品钻石也受到其他奢侈品的市场排挤。例如,个人的奢侈品预算往往只能在一个 LV 包和一件奢侈品钻石首饰之间做出选择。另外,年轻人将度假旅游和高科技产品也视为高端消费品选项。因此奢侈品钻石的市场份额和竞争力将大幅缩减，而培育钻石的市场定位则能够享受中低端消费选项所带来的更大的市场。

2016 年是上海奢侈品钻石交易所快速发展的一年，也是中国奢侈品钻石行业盛大崛起的一年。培育钻石的更迭速度更适应当下年轻一代的价值需求，同时，其高毛利率相较于黄金、白银、铂金等也更受到珠宝零售商的青睐。根据 Wind(万得)数据库二级行业分类，2020 年 14 家 A 股上市珠宝企业综合毛利率仅为 15.59%，净利率为−1.35%。以曼卡龙个股为例，2019 年产品拆分中 K 金/素金/铂金/黄金毛利率水平分别为 26.16%、16.66%、13.81%、10.80%①。培育钻石的整体生产环节具有一定的市场溢价空间，上游技术壁垒与工艺水平决定其市场溢价从长期来看还有一定的发展空间，下游零售商的市场布局能吸引成倍的消费者进入培育钻石的消费市场。整体来看，培育钻石的产量和消费市场会迅速扩大，上游制造商和下游零售商的现有市场竞争还不是特别激烈，未来培育钻石的高毛利率会受到更多生产商和零售商的青睐。

2.5 未来市场影响因素

2.5.1 中国珠宝奢侈品钻石行业发展环境分析

(1) 总体市场环境。中国珠宝奢侈品钻石总体市场初期表现为增长速度快、发展潜力巨大、品牌多样化、需求多样化、产业集中度低等特点。但是市场整体也存在较多缺陷，如商家缺少高质量的服务、市场价格混乱、产品品质良莠不齐、区域市场差距悬殊、行业人才不足等。在发展初期，产品销售依赖终端门店的零售，随着产业的逐步发展，市场逐渐出现加盟连锁的销售模式，因此，市场急需强势品牌引领行业发展。

(2) 市场前景。随着国内经济的高速发展，消费者储蓄逐年增加并逐

① 数据来源：Wind 数据库，https://www.wind.com.cn/。

渐提高对生活品质的要求，所以高档珠宝首饰的消费需求旺盛，市场消费基数大，市场潜力巨大。随着居民的收入稳步提升，消费者的消费结构发生了较大的改变。在政府激励消费的条件下，逐步放宽信贷政策，高档消费的比重逐年提升。未来市场前景将呈现以下特征：一是消费结构复杂：产品分为高、中、低三档，可以满足不同年龄和收入层次的消费群体。二是装饰保值并蓄：消费者对钻石珠宝的定位不单单是一种装饰品，同时还是一种投资保值的产品，所以越来越多的消费者选择购买钻石珠宝首饰。三是市场日趋规范：在政府打击假冒伪劣和整顿规范市场环境秩序的背景下，市场逐渐趋于规范，消费者的利益能够得到有效的保护，从而有利于钻石珠宝首饰行业的跨地区连锁发展。四是香港品牌争霸：在零关税的政策支持下，越来越多的香港企业将更多的品牌投放大陆市场。五是品牌的集中度高：由于知名品牌具有良好的品牌、经营、服务、产品、人才和经营模式等优势，会导致小品牌的市场规模更加缩小，这种趋势将逐渐整合国内大中城市钻石珠宝首饰市场。

2.5.2 培育钻石市场现状机遇与挑战分析

由于培育钻石较天然钻石的生产成本较低，它的销售价格从天然钻石售价的 80%下降至 20%，所以培育钻石的销售价格逐渐降低。同时，全球天然钻石产量逐渐下降，而培育钻石的产量逐渐上升，所以消费者会更加热衷于购买培育钻石。2020 年，培育钻石的渗透率仅为 6.3%，该产业的发展空间巨大。所以，在这些市场环境下，世界知名珠宝商逐渐关注并布局培育钻石领域，整个市场蓄势待发。

（1）培育钻石产量逆势上升。培育钻石和天然钻石的产量存在明显的差异。培育钻石的产量从 2019 年的 600 万克拉增加到 2020 年的 700 万克拉。全球钻石产量从 2017 年的 1.52 亿克拉下降到 2020 年的 1.11 亿克拉。培育钻石产业也快速增长，其渗透率从 2019 年的 1.9%提高至 2020 年的 6.3%。

（2）培育钻石是天然钻石的替代品。培育钻石之所以能够作为天然钻石的替代品，主要原因在于两者除生产方式不同外，在折射率、色散、化学成分、硬度等方面没有任何区别。此外，培育钻石的目标群体主要集中在年轻的消费者，所以培育钻石作为高档珠宝饰品是很好的替代品，消费者也因此更愿意接受培育钻石。

(3) 众多珠宝商布局培育钻石领域。《2020—2021 全球钻石行业报告》显示，培育钻石批发价逐渐降低，大约占天然钻石零售价的 35%左右。所以，消费者在对价格方面有较多要求时，他们更愿意选择培育钻石来代替天然钻石。未来，随着规模化生产，培育钻石的价格将会更加低廉。

(4) 全球绿色发展愿景助力培育钻石行业。2030 年全球培育钻石产量规模将达到 1 000 万至 1 700 万克拉，产能主要集中在中国。中国培育钻石行业发展尚处于成长期，所有拥有较大的成长空间。同时，全球钻石行业更加注重环保和社会责任等方面，这些理念将有助于推动培育钻石行业的高速发展。从 1973 年美国培育出第一颗大颗粒钻石至今，实验室培育钻石已经有 60 多年的历史。培育钻石产业的快速发展能够解决天然钻石自然产量下降带来的供应不足的问题。随着技术进步和规模化生产边际成本的降低，培育钻石的成本还会有进一步的下降的空间。

(5) 未来发展潜力巨大。中国为培育钻石主要生产国和消费国，未来发展潜力巨大，全世界目前掌握培育钻石技术的国家仅有中国、日本、俄罗斯、美国等少数几个国家。从产业结构分析，可以发现中国占据全球培育钻石的主要产能，其次分别是印度和美国。在培育技术方面，中国采用的是六面顶压机，国外一般采用的是两面顶压机，中国采用的技术更有利于培育钻石的生长，因此中国在培育钻石的研发方面在全球处于领先地位。从 2009 年开始，美国是全球钻石消费的第一大国，中国紧随其后并快速扩大市场规模。在之后的几年时间里，中国一直稳居全球第二大钻石消费市场。中国的钻石饰品消费规模从 2010 年的 500 亿元增长至 2019 年的 720 亿元，追求高端奢侈品钻石的消费群体逐年增长。

2.5.3 全球及中国钻石珠宝行业发展现状及未来趋势分析

(1) 全球钻石珠宝行业现状：产业链规模庞大，下游营收利润双高。

一是整体视角：半数毛坯钻石流入珠宝市场，全球销售规模超 850 亿美元。2018年，全球钻石珠宝销售额达到859亿美元，2009—2018年年均复合增长率达到3.32%。因此，全球钻石珠宝行业产业规模逐渐庞大。按照产业链可以将培育钻石产业划分为下游、中游和上游。产业链下游主要指成品钻的零售商；产业链中游主要是对毛坯钻石进行切割与抛光的加工制造商；产业链上游主要由矿藏开采和毛坯钻石生产的原材料提供商组成。在经过产业链生产的培育钻石中，大约有50%左右符合宝石级标准，52%的宝石级毛坯钻石将最终流入珠宝领域。

二是结构视角：非洲高品质宝石级天然毛坯钻石占比高，毛坯钻石产值位居全球第一。从天然毛坯钻石年产量分布可以看出，全球天然钻石年产量前三名的分别是俄罗斯、博茨瓦纳和加拿大，同时这三个国家的宝石级毛坯钻年产量也是位列世界前三名。自2013年以来，地处非洲的博兹瓦纳超越加拿大成为全球毛坯钻石产量第一大的国家，在此之后依旧处于世界领先的地位。即使非洲在年开采量上不及欧洲，但凭借其所生产高品质和大尺寸的宝石级毛坯钻而成为全球最大的毛坯钻产量国。处于北美地区的加拿大曾经是全球天然毛坯钻石产量第一大国。自从2013年以来，加拿大的产量跌到全球第二位，近两年甚至低于俄罗斯，成为全球产量的第三大国。

三是价值视角：产业链下游盈利较高，中间环节附加值高。从培育钻石的产业链来看，下游的钻石珠宝行业的零售端的盈利规模较大且中间环节的附加值高，其中钻石设计制造对钻石行业的附加值达到252亿美元。以2010年为例，全球钻石产业链累计增加602亿元。其中，毛坯钻石加工最低，贡献了19.93%；其次是珠宝制造商，贡献了27.91%；品牌零售商贡献最多，达到41.86%。所以，钻石珠宝行业的附加值主要集中在产业链的上游和下游。从产业链的营利能力来看，以2017年为例，全球毛坯钻生产商的毛利率为52%，品牌零售商的毛利率为50%，两者位列所有环节中前两名。在产业链的中游环节中，毛利率最高的加工环节毛利率也仅为25%。上游企业在生产的过程中可以保持22%～24%的利润率。总体来看，全球钻石珠宝产业链企业营利能力呈现“两端高、中间低”的“微笑曲线”。

（2）产业链：中上游市场高度集中，下游市场较为分散。

一是上游视角：毛坯钻石年产量过亿，被少数企业垄断。从产量上看，全球毛坯钻石年均产量过亿克拉，2018 年产量约为 1.49 亿克拉，同比下降 1.64%，2004—2018 年，年复合增长率为－0.5%。2004—2018 年，全球毛坯钻产量以 2008 年金融危机为界可划分为两大阶段：金融危机爆发前，全球毛坯钻石年产量大多保持在 1.55 亿克拉以上，2005 年达到 1.77 亿克拉的高位；金融危机爆发后，2009 年全球毛坯钻石产量急剧下降，同比下降 26.20%。2008 年后至 2017 年，全球毛坯钻石年产量从年均不低于 1.55 亿克拉缩减为低于 1.3 亿克拉，直到 2017 年因投入新的钻石矿产开采，全球毛坯钻石年产量才达到 1.51 亿克拉，同比增长 19.42%。

从市场竞争格局来看，钻石珠宝行业的上游生产商被全球多家毛坯钻石开采公司垄断，全球毛坯钻石的开采权和产量由这些企业共同决定。受天然毛坯钻石矿的使用年限的影响，全球钻石矿商共同决定毛坯钻石的产量。目前，全球天然钻石矿产排名前四的戴比尔斯（De Beers，主要矿产所在地：博兹瓦纳）、力拓（Rio Tinto，主要矿产所在地：澳大利亚）、Alrosa（主要矿产所在地：俄罗斯）和佩特拉钻石（Petra Diamonds，主要矿产所在地：南非）几乎包揽 2018 年全球近 65%的天然毛坯钻石产量。

从产值角度看，根据 De Beers 的统计数据，2017 年全球毛坯钻销售额达 166 亿美元，其中 Alrosa 和 De Beers 共计占据全球毛坯钻石销售额的近 60%。自 2015 年以来，Alrosa 和 De Beers 在全球毛坯钻石销量中合计占比一直高于 55%①，表明全球毛坯钻石的开采产量及销售市场份额呈现垄断态势，并且这种市场竞争格局在未来一段时间内不会发生改变。由于全球毛坯钻石的开采权和使用权被少数国际寡头企业垄断，加之天然矿产资源的不可再生和有限性，上游毛坯钻石的产量及存量会严重影响到下游零售端的价格，不仅如此，全球毛坯钻的销售状况还需要综合考虑中游和下游整个产业链的库存及终端市场需求的情况。De Beers 统计数据显示，2015 年全球钻石珠宝总零售额约为 790 亿美元，同比减少

① 数据来源：https://www.DeBeersgroup.com/。

2.47%。但下游零售端的不景气并没有影响上游开采的减产，造成整个行业链中下游的库存积压，严重影响钻石的价格，直接导致2015年全球毛坯钻石销售额同比下降6.21%。2016年，下游钻石首饰销售额同比增长1.27%，但全球毛坯钻石销售额和毛坯钻石均价同比均呈现10.91%的跌幅[①]。总体而言，毛坯钻矿商虽然形成垄断格局，但仍需关注各环节的库存和销售压力，制订开采和销售计划，防止毛坯钻石均价剧烈波动。

二是中游视角：印度在产业链的环节中主要是对进口的毛坯钻石进行切割和抛光，处理完成后将产品再次出口。从产业链价值来看，印度的毛坯钻石进口额与成品钻石出口额的发展趋势并不相同。印度的成品钻石出口额呈现先上升后下降的趋势，从2008年的151.56亿美元上升至2010年的305.74亿美元，2012年下降至216.07亿美元，年均复合增长率为9.27%；自2012年起，印度的成品钻石出口额在230亿美元上下进行小幅波动，其间年均复合增长率为1.89%。而毛坯钻石的进口额持续增长，自2008年的79.60亿美元增长至2017年的188.89亿美元，年均复合增长率为10.08%。综合分析印度的毛坯钻石进口与成品钻石的出口状况可以看出，印度的净进口额逐渐加大主要是受进口端增长驱动。与印度加工小颗粒的毛坯钻相比，纽约、特拉维夫和安特卫普也是世界上重要的钻石加工中心，这些地区主要加工的是大克拉毛坯钻石。但是，无论是印度这类垄断小颗粒毛坯钻石加工市场的国家还是专注于加工高质量、大克拉毛坯钻石的安特卫普等加工中心，钻石珠宝加工企业的毛利率与利润率相较于上游和下游企业而言还是非常少的。

三是下游视角：目前，全球钻石首饰销售市场较为温和，呈现稳定上涨的趋势。全球主要钻石珠宝消费市场主要集中在美国与中国，由于中美两国的钻石珠宝消费额占据全球销售总额的一半以上，且中国市场会持续高增长，中美两国的消费市场稳定决定了未来全球钻石行业的稳定发展格局。据统计数据显示，美国2018年进口成品钻的总值约232.96

---

① 数据来源：https://www.DeBeersgroup.com/。

亿美元，同比增长 7.51%，2013—2018 年的复合增长率仅为 0.43%；而在中国市场，上海钻石交易所作为中国官方指定的唯一钻石交易机构，其发布的数据显示中国 2018 年成品钻进口总额达 27.06 亿美元，突破历史最高点，同比增长 7.59%。

通过分析蒂芙尼（Tiffany & Co.）近年来的发展战略，结合其全球门店布局和资金投入来看，蒂芙尼将大力发展亚太区业务（2018 年大中华区销售额占亚太地区销售额的 60%）作为最核心的业务战略。在销售份额方面，亚太地区的销售份额从 2009 年的 16%快速增长到 2018 年的 28%，年均复合增长率为 6.42%，遥遥领先于复合期内其他主要区域的增长率。在门店数量方面，在亚太地区的门店总数从 2000 年的 21 家增加到 2018 年的 90 家，年均复合增长率为 8.42%；在中国大陆的门店总数从 2008 年的 8 家增加到 2018 年的 33 家，年均复合增长率为 15.22%。

目前，全球钻石珠宝消费市场呈现稳步增长的趋势，定位于更加准确的市场人群及产品能够进一步提升销售额的稳步增长。按照消费者的年龄结构划分，目前购买钻石珠宝的主要人群是处于 21～25 岁的“年轻千禧一代”①（Younger Millennials）与年龄处于 26～39 岁的“年长千禧一代”（Older Millennials）。2018 年，年长千禧一代和年轻千禧一代分别贡献了美国钻石首饰的 40%和 10%，约占总数的 50%；中国为全球钻石珠宝第二大消费国且市场前景广阔，受到人均可支配收入增长和渠道下沉等因素影响，且钻石珠宝人群年龄消费结构与美国钻石珠宝消费人群相似，未来中国钻石珠宝消费将持续高速增长。根据 De Beers 的报告，按钻石珠宝消费件数计算，中国的年长千禧一代和年轻千禧一代分别贡献了 69%和 10%的钻石首饰市场份额，约占总市场份额的 79%②。

总的来说，在美国和中国没有整体经济衰退或消费者偏好发生巨大转变的前提下，未来全球钻石首饰销售将延续近几年相对温和的增长趋势。而这一趋势能否长期持续，取决于美中两国尤其是中国市场的年长

---

① 千禧一代：出生于 20 世纪，在跨入 21 世纪（即 2000 年）以后达到成年年龄的一代人。

② 数据来源：https://www.DeBeers.com.cn/zh-cn/home。

千禧一代与年轻千禧一代这两大人群对钻石珠宝的消费能否保持持续增长。

(3) 全球钻石珠宝行业未来发展：短期行业发展受中游抑制，中长期景气度不断抬升。由于成品钻石价格不仅可以反映上游毛坯钻石价格和中游厂商库存压力，而且对下游钻石首饰零售端均价形成一定的引导、波动，根据全球成品钻石价格走势将能够对全球钻石珠宝行业的景气度形成初步判断。

据全球成品钻石价格统计数据分析，2019 年 1—8 月份，全球成品钻石价格指数下跌幅度达到 4.92%，为过去 5 年以来的最低点。根据我国海关总署公布的钻石系列产品进出口数据分析，我国 2019 年 1—9 月钻石进口总额下降 12.84%，平均进口价格上涨 0.88%。2019 年我国钻石进口数据不佳的主要原因是 2018 年国内钻石珠宝零售商库存相对充足导致库存补充需求减少。

从长期来看，全球成品钻石价格指数周期性波动幅度将进一步收紧，现处于下行周期，其中游库存灵活，下游需求端呈现常态化，在产品价格坚挺和矿藏枯竭的带动下，未来毛坯钻石价格将稳步小幅上涨，推动行业景气度不断提升。

(4) 需求端：三、四线城市钻石消费提升，非婚嫁产品接棒助推行业发展。

2009 年以来，中国已经成为仅次于美国的全球钻石珠宝第二大消费国。按照我国钻石珠宝消费者年龄结构划分，26～39 岁的消费者约占总额的 70%，21～25 岁的消费者约占总额的 8%，这两个年龄段的消费者是目前钻石珠宝最主要的消费群体。未来年轻一代的迅速崛起，将成为珠宝消费的主要消费群体。而尚处于 0～20 岁的 Z 世代(约占 1%)可能是未来的主力消费人群。根据 De Beers 的研究，中国女性对珠宝的偏好相当一致：48%的年轻千禧一代和 43%的年长千禧一代购买首饰时以钻石作为首选。对于 Z 世代来说，36%的人以钻石作为首选，26%的人将铂金首饰列为第二。

如果中国的钻石消费市场按城市级别划分，单从数据来看，我国三、四线城市的钻石珠宝渗透率在未来仍有较大的提升空间，而这一渗透率的提升与三、四线千禧一代女性消费者的可支配收入密切相关。

目前，我国钻石珠宝需求增长主要来自三、四线城市的渗透与渠道架设，但是长期推动钻石珠宝消费的关键因素在于人均可支配收入水平的提高。按照钻石珠宝消费者消费需求划分，可以划分为婚嫁需求和非婚嫁需求。2014—2016 年，美国、日本和中国占全球钻石首饰销售额的 67%，其中这三个国家的女性消费者贡献了 95%。再进一步细分，女性消费者购买钻石首饰以满足结婚需求和满足非婚嫁需求的比例分别为 27%、73%[①]。尽管从数据上来看，满足非婚嫁需求为目的的消费占比更高，但从数据来源可知，这是由于美国与日本在统计的三国之中销售额占比高达 82.09%所造成的；另一方面，礼品的需求中包括表达爱意的消费需求，这无疑与婚恋市场高度相关，因此将其和婚恋需求归类为“泛婚需求”可能更为恰当。若按照“泛婚嫁需求”与非婚嫁需求重新对钻石珠宝消费进行划分，那么同样以 2014—2016 年美、日、中三国的数据为样本，两者之间的占比应为 53%与 47%，“泛婚嫁需求”略占上风。

目前，钻石珠宝在我国婚嫁市场中的渗透率已经赶超诸如美国这样的西方发达国家。加之我国具有相对完整的钻石珠宝产业链，虽然我国钻石首饰通透性材料市场仍远低于美国和日本，但是预计未来短期内钻石首饰市场仍会呈需求增加、渗透率上升的态势。

就目前钻石首饰消费情况来看，未来我国钻石非婚嫁需求消费将赶超婚嫁需求消费。2016 年，中国近 30%的钻石首饰需求来自婚庆市场，因此中国钻石首饰消费市场中另外 70%的份额来自非婚嫁需求。消费者对于钻戒的需求已经从单一的婚嫁需求扩展为多形式的钻石衍生产品。中国消费者 2014 年购买的钻石首饰中，钻戒/其他钻石首饰销售额的比重为 67%/33%，而到了 2016 年，钻戒/其他钻石首饰的销售额占比为 49%/51%，其他非钻戒首饰的比重显著提升，表明非婚嫁需求的钻石产品正受到越来越多的消费者的青睐，钻石珠宝行业未来将有更多非婚嫁

① 数据来源：https://www.DeBeers.com.cn/zh-cn/home。

需求市场相关的发展。根据美国、日本和中国女性消费者自购钻石首饰的人群特征分析，中国自购钻石首饰最多的是中等收入水平的单身女性。

未来中国钻石首饰的非婚嫁需求能否为行业提供强劲动力主要取决于如下两个方面：一是中国职业女性的比例；二是中国职业女性的年收入水平。2015 年以来，中国女性就业规模不断扩大，职业女性占总就业人口的比例从 2015 年的 42.90%上升到 2017 年的 43.50%。至于年收入，未来随着国民人均可支配收入水平的不断提高，进入中等收入人群的群体势必会不断扩大，而在此过程中，达到中等收入的职业女性总数也将有所提升。长期来看，我国钻石珠宝行业未来发展的核心驱动力将在婚嫁市场中钻石珠宝的渗透率达到瓶颈后，切换至由职业女性崛起带来的非婚嫁自购需求驱动，实现持续增长。

2.6 培育钻石企业经典案例分析

2.6.1 De Beers(戴比尔斯)

De Beers 作为全球最大的钻石开采公司，创始于 1888 年，并曾经在很长一段时间内垄断全球 90%的原石并操控钻石的市场价格。在那段时间，De Beers 一度成为钻石的代名词。早在 20 世纪 50 年代，De Beers 就开始布局培育钻石。20 世纪 60 年代，DRL 及其工厂的主要业务是生产金刚石磨料，还不具备培育大颗粒钻石的能力。1939 年，De Beers 提出从钻石的四个方面即切工、颜色、净度和质量(克拉)进行分级，并提出“4C”标准。该项标准被美国宝石学院(GIA)制定为行业通用标准。早在 1947 年，由 N. W. Ayer 广告公司的 Frances Gerety 为 De Beers 创作“A Diamond is Forever”的宣传语流传至今。这条宣传语被《广告时代》评为 20 世纪最伟大的广告语。1971 年，DRL 率先研发出较大颗粒的钻石晶体。2002 年，De Beers 宣布成功合成了高质量单晶 CVD 培育钻石，并将 DRL 及工业钻石部门正式更名为元素六(Element Six)。De Beers 提出的钻石文化是将爱情与钻石进行了捆绑。公司倡导人们将美好永恒和忠贞不渝的爱情向往通过一颗钻石紧密的关联起来。2001 年，De Beers 与 LVMH 集团合作，成立 De Beers Diamond Jewellers 珠宝品牌。2017 年，De Beers 买回 LVMH 集团占有的 De Beers Diamond Jewellers 的 50%股权。2018 年，De Beers 宣布将通过旗下的 Lightbox Jewelry 品牌开展培育钻石销售业务，将品牌定位为“年轻、可负担、轻奢首饰”。此举标志着珠宝商对培育钻石从前期打压转为积极布局。同年，Lightbox 投资 9 400 万美元计划扩大 10 倍培育钻石产能，预计每年生产约 20 万克拉的培育钻石。Lightbox 并不提供婚戒等婚庆产品，与 De Beers 的天然钻石品牌进行了鲜明区分，很好地补充了天然钻石市场。Lightbox 品牌整体风格非常绚丽多彩，吸引年轻一代消费购买，且设计简单大气，适合日常佩戴。2021 年 9 月，将曾经的广告语“真实是稀有的，真实是钻石”改为“我愿意”。自此，发起了一项新的营销活动，称其为 Lightbox 历史上的“新篇章”。Diamond Foundry、Light Mark、Z Diamond 等新兴珠宝商和 De Beers、Swarovski、Signet、Pandora 等传统珠宝商纷纷推出培育钻石品牌。Lightbox 希望通过这种方式对客户进行科普宣传和引导消费习惯。该计划以“我愿意”为中心，以代表与自我、他人和自然相关的各种个人承诺。从中可以看出 De Beers 希望给新一代消费者传达更广泛的承诺：对个人发展、友谊、家庭、社会和自然世界的承诺。这项营销计划一直持续到 2022 年，计划的推出标志着 De Beers 的一个转折点，并为其未来能够成为一家以目标为导向的企业铺平了道路。

De Beers 将培育钻石定位为“具有钻石特质的工业制品”，将培育钻石与天然钻石加以区分，推出 Lightbox 对培育钻石行业进行“降维打击”。作为全球最大的钻石开采供应商，起初 De Beers 对于培育钻石奢侈品化是排斥的，坚持培育钻石不能用作高端饰品并时刻关注着这个可能会推翻天然钻石的替代品。随着培育钻石市场的异军突起，De Beers 逐渐改变对天然钻石的市场定位和战略规划，由防守转为进攻。

De Beers 旗下的 Lightbox 在布局培育钻市场方面有如下优势：

Lightbox 产品具有工业品性质的定价体系，打击既有价格秩序。

Lightbox钻石价位为200美元0.25克拉，钻石规格有0.25克拉、0.5克拉、0.75克拉、1克拉四个档位，各档位价格严格执行200美元0.25克拉的单价，即1克拉培育钻石定价为800美元。Lightbox认为自己生产的是工业化的标准品，品质不存在区别，价格只反映钻石大小，各色钻石统一定价。据“钻石观察”公众号载文，Lightbox的1克拉普通培育钻石单价是Rapaport平均报价的10.8%，1克拉高品质培育钻石的单价是Rapaport的11.4%，另据《中国黄金报》报道，这一工业化的“白菜”定价冲击了培育钻石以天然钻石为标尺制定的价格体系和分级系统。此举既能够把控天然钻石的价格，又可以使De Beers进一步掌控培育钻石定价的话语权。

利用品牌资信，Lightbox不对培育钻石进行分级，不提供鉴定分级证书，而在钻石内部打上品牌的激光标识。据《合成钻石饰品“Lightbox Jewelry”的宝石学特征》[①]的测试结果，Lightbox含两处激光标识，一处是位于腰棱的“LIGHTBOX”字样，一处是位于下方的几何图形，在显微镜下可轻松识别。

Lightbox推出品质较高的新系列“Finest”和2克拉培育钻石，逐渐走向高端化。据“钻石观察”公众号报道，2021年10月，Lightbox推出新系列“Finest”。该系列采用品质较高的CVD培育钻石，价格相较原先的800美元/克拉有所提升，该系列裸钻零售价为1 500美元/克拉。同时，该系列推出2克拉单颗粒产品，单颗售价1 600美元。Lightbox开始设定新的价格体系来提升品牌在消费者心中的价位。此举是为了让消费者意识到1 500美元以上才是培育钻石应有的市场价值。

此外，近几年由于60%～70%的年轻一代在做出购买决定时会考虑到可持续性，De Beers更加关注环境、社会责任和公司治理(ESG)[②]这三个方面。自2006年联合国负责任投资原则(PRI)报告中首次提到ESG

---

① 本文作者为代会茹、唐诗、陆太进等，收录在《宝石和宝石学杂志》2019年第5期，第38—47页。

② ESG是Environmental, Social, and Governance的简称，ESG体系是衡量企业和组织可持续发展绩效的评价体系，可作为企业长期价值的评判依据之一。

问题以来，消费者对可持续发展的兴趣将会影响他们的购买行为。在过去的五年里，近60%的受访消费者表示将会选择购买更环保或更有社会责任感的产品。

2.6.2 Diamond Foundry

Diamond Foundry是全球规模最大的CVD培育钻石生产企业之一，总部位于加利福尼亚州旧金山。2012年，Diamond Foundry由来自麻省理工学院、斯坦福大学和普林斯顿大学的Martin Roscheisen、Jeremy Scholz和Kyle Gazay创立。创始团队在太阳能领域取得了开创性的突破，促使太阳能在全球流行。创始团队认为他们可以将太阳能技术介入钻石采矿业，并使得培育钻石成为主流。新技术培育出来的钻石在原子层面与天然钻石没有任何区别。所以，前沿的CVD半导体技术被广泛应用到珠宝领域，并且在5G通信、云计算、高功率电子产品、电力汽车等科技领域有广泛的发展前景。Diamond Foundry的目标是创造形成钻石的自然条件并以前所未有的产能规模，使之与开采矿钻规模形成差异。Diamond Foundry团队在旧金山南部的一个厂库里开始了一系列的实验，进行了数以万计的物理模拟，并从零开始构建自己的第三代等离子反应器，制造了数百个独立的、精确设计的部件。最终形成了与太阳外层一样高热的等离子体。2014年底，Diamond Foundry建造了第一个完整的反应堆，并将全部资金投入其中。此时，反应堆已经可以使等离子体培育出钻石。当等离子体完美地点亮，所有技术设备能够稳健运行，培育钻石的业务得以稳定发展。2015年，Diamond Foundry被Business Insider评选为美国25家最佳初创公司之一。最初，该公司所生产的三颗钻石由内部生产的毛坯钻通过打磨抛光的生产方式制作完成。它们并不是白色的，但是善意的支持者们将它们的颜色称为“干邑色”。事实证明，在当时的技术条件下，生产白色钻石相当困难。2016年，经过三年的技术开发，Diamond Foundry获得了多位亿万富翁提供的资金，其中包括好莱坞影星莱昂纳多·迪卡普里奥(Leonardo DiCaprio)、谷歌早期投资人安德里斯·贝赫托什(Andreas Bechtolsheim)、Twitter创始人埃文·威廉姆斯

(Evan Williams)、Facebook 创始人安德鲁·麦科克伦(Andrew McCollum)等,并再次被 Business Insiders 评选为 21 家最创新科技初创公司之一。2017 年,Diamond Foundry 的产能翻两番,同时市场需求增长得更快,同年,Diamond Foundry 被 Inc 评选为 25 家最具颠覆性的公司之一。2018 年,设计师 Jony Ive 和 Marc Newson 与 Diamond Foundry 合作,共同为非洲艾滋病防治慈善机构(red)设计了一款全钻戒指,这枚培育钻石戒指在苏富比进行拍卖。Diamond Foundry 一直以来十分关注钻石开采的伦理和环保问题,无论在循环利用的理念方面,还是从零碳排放的意义上,Diamond Foundry 的持续性培育钻石技术,有望减少开采钻石对矿业工人的伤害和对环境的危害。Diamond Foundry 逐渐成为世界上资金最充足、规模最大的培育钻石生产商。2019 年,Diamond Foundry 的年产量超过 10 万克拉并且全年盈利,其位于华盛顿州的水力发电工厂也开始正常运作。同时,Diamond Foundry 被 Fast Company 评选为最具创新性公司之一,其培育钻石技术被《时代周刊》评选为 2018 年 50 大创新发明之一。同年,美国联邦贸易委员会宣布"培育钻石是钻石",此举大幅度推动了培育钻石的产业发展。2021 年,Diamond Foundry 宣布获得富达国际(Fidelity International)投资的 2 亿美元后,其估值达到了 18 亿美元。富达国际是世界上最大的投资管理公司之一,该公司帮助 Diamond Foundry 实现其目标,即到 2022 年底,将华盛顿州工厂的产量提高 5 倍,能够达到每年 500 万克拉——相当于 De Beers 2020 年产量的四分之一左右。Diamond Foundry 瞄准高端珠宝市场,通过其 VRAI 品牌以及零售合作伙伴直接向消费者销售钻石。它还在开发用于半导体行业的金刚石晶片,经过本次融资后,Diamond Foundry 将着力开发 200 mm 的单晶片。虽然在过去五年时间里,Diamond Foundry 的产量每年都翻了一番。2020 年,由于 COVID-19 大流行造成的破坏,Diamond Foundry 的产量持续下滑。根据 Diamond Foundry 数据显示,一颗 0.5 克拉的实验室培育钻石目前的售价约为 615 美元,而天然钻石的售价为 1 395 美元。在半导体中使用金刚石代替硅有助于提高其性能,因为它们是良好的热导体。自 2012 年成立以来,Diamond Foundry 总共筹集了 3.15 亿美元,且无债务。

Diamond Foundry 有超过 40 种钻石切割形状，可满足不同客户的差异化和独特化的需求。Diamond Foundry 和国际宝石学院进行合作，从而能够获得国际公认的 GIA 认证的宝石学家会为 Diamond Foundry 钻石出具的专业分析验证，这使得每颗钻石都有专有的身份证，为消费者和客户提供完整的有法律效力的担保。Diamond Foundry 之所以能够在培育钻石行业得到认可的最主要原因，是因为其自身公司的规范化和职业化。Diamond Foundry 为了能够更好地可持续发展，可以做到没有地下水污染、资源浪费、土地污染等环境问题，从而避免采矿手段对人类和环境造成的巨大损害。

VRAI(芮爱)是 Diamond Foundry 旗下培育钻石珠宝品牌公司，是目前为止世界上唯一一家获得零碳排放 Carbon Neutral 认证的钻石品牌公司。该公司致力于利用科技钻石，创造出带给消费者可持续、美丽、正能量的钻石珠宝产品。2020 年 9 月，VRAI 正式进驻中国上海，开启全球首家线下旗舰店。

2.6.3 上海征世科技股份有限公司

上海征世科技股份有限公司(简称征世科技)是一家集培育钻石制备技术研发、制备、终端销售为一体的国际高新技术企业。征世科技拥有先进的核心生产技术“MPCVD”且每年投入大量科研经费参与研发，目前是全球能够掌握并运用 CVD 技术直接制备大单粒高品质培育钻石的领军企业，且培育钻石色度纯正，无须进行加工改色处理。征世科技保持着全球最大的 16.41 克拉培育钻石的世界纪录。在我国香港和美国纽约、洛杉矶等地设有全资子公司，致力于向世界展现中国高端制造的实力。

征世科技从 2002 年就开始研发基于 CVD 技术制备单晶人造金刚石。征世科技打造了世界顶尖的研发团队，每年投入大量研发经费，目前已经申请 40 多项国家专利。2006 年，成功研发制备了 CVD 培育钻石的毛坯钻；2008 年，成功研发了培育钻石的毛坯板；2013 年，成功研发制备出珠宝级培育钻石；2014 年，运用微波等离子体化学气相沉积技术成功制备培育钻石的毛坯钻，突破了技术壁垒，改善了培育钻石的产能及色度。2014年，上海征世科技股份有限公司正式注册投产。2018年，征世科技采用MPCVD(微波等离子体化学气相沉积技术培育出品质更好的CVD钻石产品)培育钻石产品可以普遍做到DEF色级别并且无改色处理。目前，国际市场上大部分使用CVD技术制备的培育钻石颜色为H色，需要经过后续改色才能达到G色，而使用MPCVD技术的培育钻石品质水准更高，沉积参数更加稳定，沉积面积也相比更大。因此在整个培育钻石行业中，MPCVD技术具有绝对的技术优势。征世科技长期对与培育钻石制备技术参与投入研发。2019年，征世科技成功制备CVD钻石并被IGI官方认证为全球唯一的纯CVD培育钻石。2022年，征世科技已经成功实现了高纯度单晶金刚石材料的批量生产，突破了在培育钻石行业保证“钻石品质”的前提下提高培育钻石的合格率这一技术难题，这都归因于征世科技具备生长设备研发、制造、改进技术以及独特的生长工艺。

美国宝石学院(GIA)2022年官方发布报告显示，其为征世科技送检的一枚16.41克拉的CVD培育钻石“MAGIC PRINCESS”明确了分级，并确定该培育钻石为当前全球最大的CVD钻石，打破了原先的世界纪录。GIA的鉴定报告中详细地叙述了“MAGIC PRINCESS”CVD培育钻石的各项指标。该CVD培育钻为G色、VVS2净度，尺寸为13.97毫米×13.87毫米×9.56毫米、16.41克拉、未经后期改色的钻石，光谱检测的结果显示，该钻石是一颗典型的IIa型CVD培育钻石(图2-29)。通过对该钻石的生长情况的检测，表明该钻石具有连续生长且无断层过程的特征，其声波紫外激发的荧光成像也显示了自然生长的

图2-29　16.41克拉CVD培育钻石“MAGIC PRINCESS”

(图片来源：https://baijiahao.baidu.com/s?id=1724747830794315661&wfr=spider&for=pc)

CVD 钻石具有典型的橙红的荧光。该成品钻带有不规则的蓝色条纹，揭示了多达七个生长层，这是钻石自然生长的表现。该钻石不仅仅代表着上海征世科技股份有限公司的 CVD 技术处于世界领先水平，更推动了世界大克拉 CVD 培育钻石技术划时代的飞速发展。

征世科技具有较多行业优势，例如在培育钻石方面技术路径与技术壁垒优势明显，采用的 CVD 技术有别国内大多企业的 HPHT 技术。CVD 技术培育钻石的颜色是目前影响培育钻石产销的关键问题之一，征世科技是国内无须改色培育钻石龙头企业，其核心优势体现在设备（改造）、配方（化学方法结合）、工艺（多个程序）等方面，并且每个环节自主研发，存在较多的技术壁垒，使得其他企业无法做到产业化。目前，征世科技是全世界能批量生产高质量培育钻石而无须二次改色的唯一企业。同时，征世科技因为技术、工艺、配方等方面的优势，使其拥有巨大的市场潜力。

从近几年的发展来看，培育钻石行业的国内外增长机会巨大，作为国内培育钻石品质最好的企业，将享受行业成长的巨大红利。目前，征世科技产量占全行业的 1.5%～2%，预计未来五年可以达到 10%～15%。客户群体主要集中于海外，主要市场在北美（裸钻）和印度（原石），两者销售额比重接近 1/2，而其他市场相对较少。在海外的市场布局中，北美市场和南美市场各有侧重（南美市场主要处于初始阶段，北美市场以裸钻销售为主）。在东南亚市场布局方面，原石和裸钻各占一半左右。印度市场主要定位为原石销售地。预计未来市场将主要在欧洲各国扩张裸钻的销售。

征世科技一直以打造高品质培育钻石为目标，持续推动创新发展的企业理念，这与当代年轻人所追求的以自身意识为主导的消费理念不谋而合，作为培育钻石的行业的领军者，征世科技有义务也有责任给予当代甚至以后的年轻人可持续的未来。由此可见征世科技可以作为国内 CVD 培育钻石龙头企业，目前已在上市辅道中，相信在资本的助力下，其产能、技术将会得到更进一步发展。

3

培育钻石行业发展趋势分析

随着全球钻石行业的不断发展，人工培育钻石已成为天然钻石的替代品，其产量不断增长。2020 年，培育钻石渗透率约 6.3%，行业发展势头十分迅猛，拥有较大的可开拓市场空间。同时，由于培育钻石的生产成本低廉，培育钻石的售价相较于天然钻石也随之下降，其占天然钻石销售价格的比重从 80%下滑到 20%。具有高性价比优势的培育钻石在很大程度上满足了新生代消费者的需求，在他们的消费选择中更倾向于购买培育钻石。受全球新冠肺炎疫情的影响，天然钻石行业不可避免地遭遇重创，而培育钻石为各国和各地区钻石行业的生产和消费市场提供了新的活力。随着全球经济形势的稳步恢复并良好发展，消费市场多面向好，在此背景下，培育钻石市场蓄势待发。

3.1 全球市场规模、产值、地区分布格局

3.1.1 全球培育钻石产量

近些年全球钻石产量大体维持稳定，天然钻石具有广阔的市场空间，2015—2019 年持有量在 1.2 亿～1.6 亿克拉。2017 年和 2018 年，全球天然钻石总产量呈爆炸式增长，分别达到 1.53 亿克拉和 1.47 亿克拉。随后全球天然钻石毛坯钻产量逐年下滑，钻石行业面临巨大的市场压力。2019 年，全球天然钻石总产量水平下降至 1.39 亿克拉。2020 年，由于减少计划

产量、突发新冠肺炎疫情以及行业容量缩减等多方面因素的影响，产量跌至1.11亿克拉，同比下降超20%，钻石行业的发展遭受重创。（图3-1）

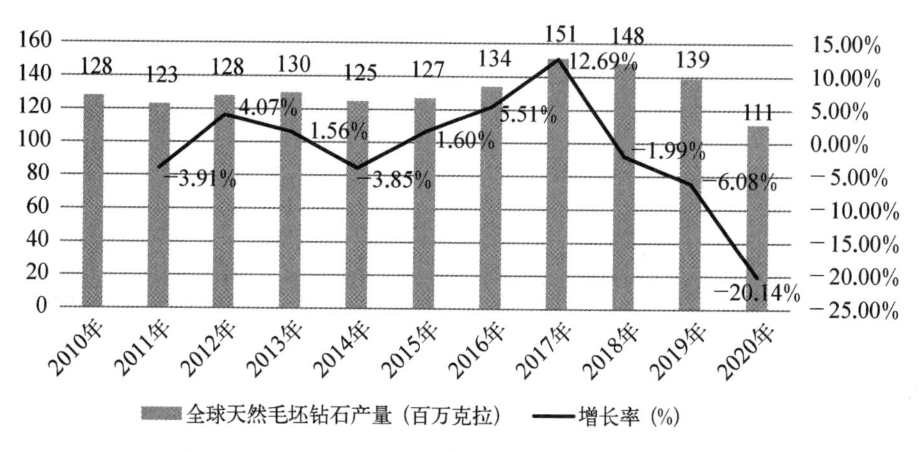

图3-1　2010—2020年全球天然毛坯钻石产量及增长率

（资料来源：ST金刚2020年年报）

近段时间，由于全球范围内疫情受到一定的控制，未来全球钻石总产量将稳步恢复到初始水平。据贝恩公司预测，全球培育钻石产量于2030年将处于1 000万～1 700万克拉的规模水平。培育钻石潜在市场空间巨大，行业处于快速成长期。

作为天然钻石性价比更高的替代品，培育钻石的产量持续上升，处于高速增长期。全球培育钻石产量规模在2018年处于144万克拉的水平，

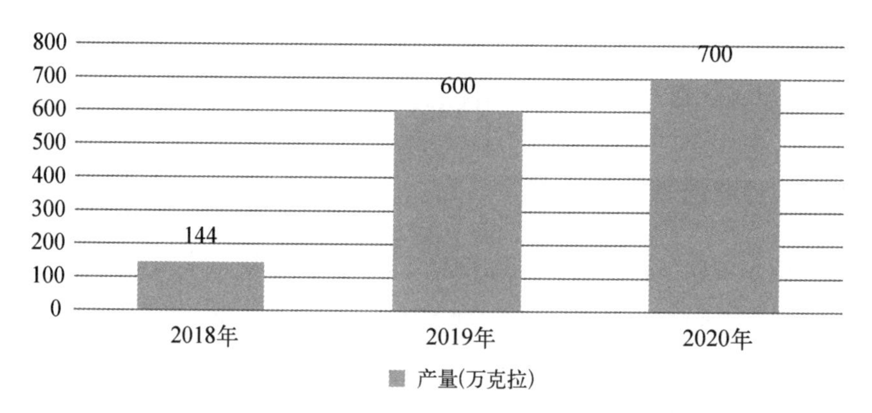

图3-2　2018—2020年全球宝石级培育钻石总产量

（资料来源：贝恩、智研咨询，https://www.chyxx.com/industry/202201/993910.html）

2019 年产量增长为 600 万克拉，虽然受到新冠肺炎疫情的冲击，2020 年产量依旧上升至 700 万克拉。尽管培育钻石的整体产量规模仍较小，但是随着渗透率从 2019 年的 1.9%上升到 2020 年的 6.3%，渗透率的增长速度不断提高，培育钻石行业急速发展，具有巨大的潜在市场空间。（图 3－2）

3.1.2　全球培育钻石市场规模

全球珠宝市场空间广阔，其行业在 2019 年销售额约 842 亿美元。在目前各消费区域中，第一大珠宝消费市场是美国，占全球总消费的份额为 33%。第二大消费市场是中国大陆和中国香港，占全球总消费的份额超 20%，拥有巨大的市场基础和发展潜力。（图 3－3）

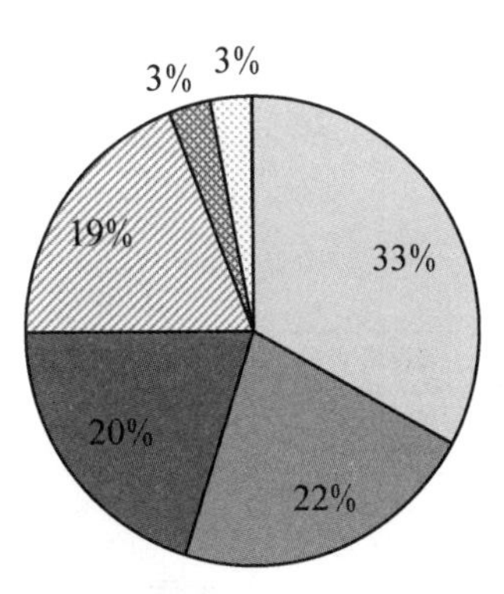

图 3－3　2019 年全球珠宝市场消费区域分布

（资料来源：贝恩咨询报告 P10，https://www.lgdiamond.cn/portal.php?mod=view&aid=1060&mobile=2）

据德邦研究所预测，全球培育钻石在零售端的单价将逐年下降，培育钻石行业内企业的毛利率将在上升到一定幅度后趋于平缓。（图 3－4、图 3－5）

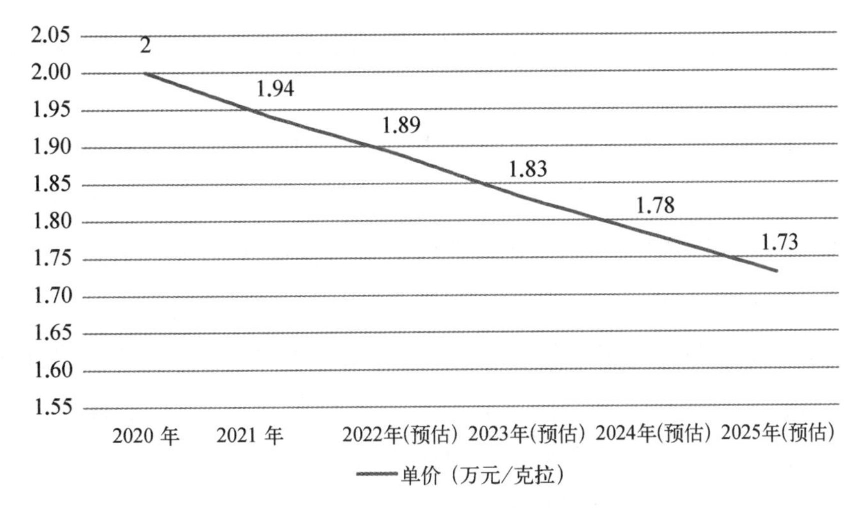

图 3－4　2020—2025 年全球培育钻石零售端单价情况

（资料来源：德邦研究所，https://market.chinabaogao.com/fangzhi/0HK492252021.html）

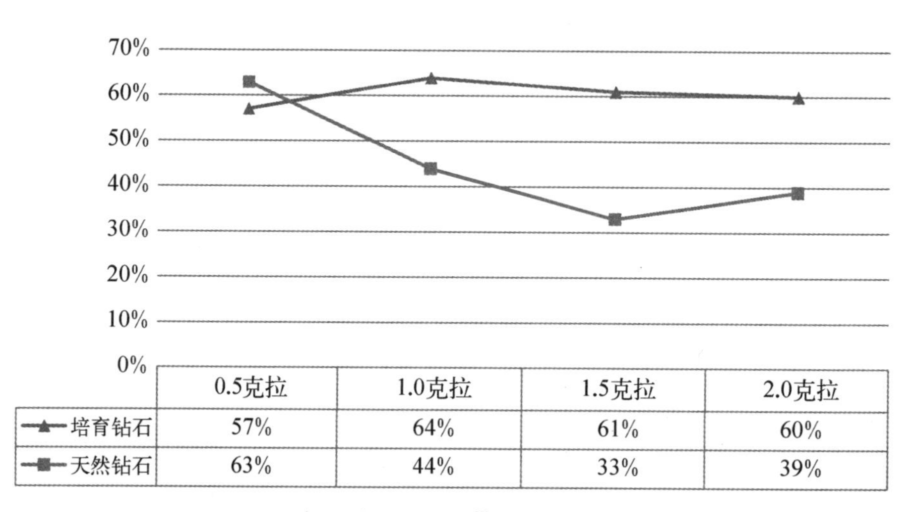

图 3-5 按成品克拉计算的预估零售毛利率(%)

(资料来源：Paul Zimnisky，广州钻石交易中心，https://www.cngzde.com/)

3.1.3 全球培育钻石地区分布格局

基于全球培育钻石总产量的产能结构视角，中国市场、印度市场和美国市场在产能中位列前三。基于全球培育钻石消费市场的消费结构视角，美国市场和中国市场占比最大，大约分别占全球总消费的 80% 和 10%。

在培育钻石市场不断发展的背景下，培育钻石品牌也逐渐增多。截至 2020 年，全球市场中培育钻石品牌总共超过 50 个。其中，位列前三的市场分别是美国市场、中国市场和欧洲市场，其培育钻石品牌数量分别为 25 个、19 个、9 个。(图 3-6)

由于培育钻石起步时间较晚、突破合成技术时间较短，培育钻石行业还有较大的潜在发展空间和前景。自该行业发展开始，培育钻石市场消费需求以及生产供应水平平均快速提升，但在这个过程中，仍然出现培育钻石的供给能力与其消费需求存在一定差距的现象，行业竞争相对较小。

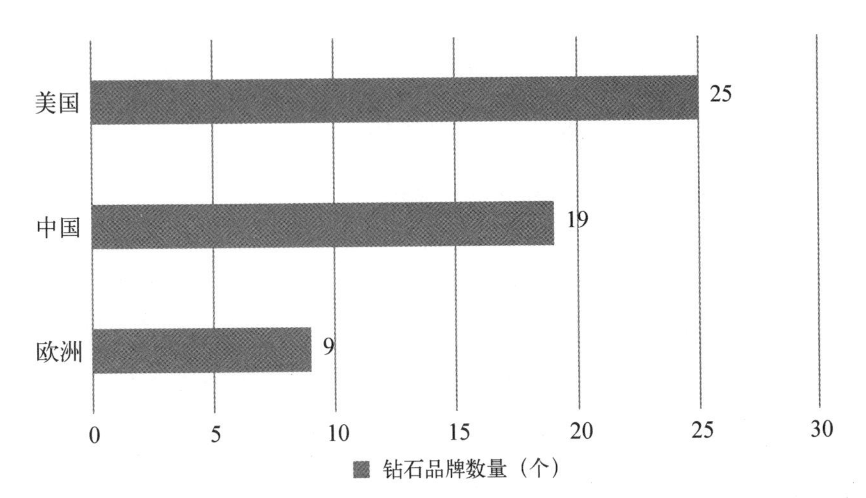

图 3-6　2020 年世界培育钻石品牌数量情况

（资料来源：《2020—2021 年全球钻石行业报告》，https://baijiahao.baidu.com/s?id=1703793005255470530&wfr=spider&for=pc）

3.2　中国市场产量、产值及增长率

3.2.1　中国是培育钻石的主要生产国

在培育钻石的发展中，少数国家在该行业中逐渐掌握了人工合成宝石级钻石的关键技术，例如中国、俄罗斯、美国和日本等。在培育钻石的生产过程中，中国采用六面顶压机，该设备可以产生三轴向压力，在培育钻石生产领域有一定的优势。而国外通常使用的是两面顶压机，该设备产生的是单轴向压力，相对前者而言不利于培育钻石的成长，因此，中国在培育钻石生产领域拥有一定的技术优势。

尽管中国天然钻石产量相比于其他国家或地区较少，但是中国培育钻石毛坯钻产量约占全球培育钻石毛坯钻总产量的一半，未来行业景气度上行，具有较好的潜在市场发展空间。2020 年全球人工培育钻石行业总产能约为 600 万～700 万克拉。从产能结构来看，中国培育钻石产能占全球总产能的一半，约为 300 万克拉；印度培育钻石产能占全球总产能的

1/5，约为150万克拉；美国培育钻石总产能约为100万克拉；新加坡培育钻石产能约为100万克拉；欧洲和中东地区的培育钻石总产能约为50万克拉；俄罗斯培育钻石产能约为20万克拉。

3.2.2　中国是培育钻石的主要消费国

2009年起，中国对钻石饰品的需求量迅速上升，成为全球第二大钻石消费市场，市场规模位列美国之后。在2016—2020年，中国市场中钻石饰品需求量持续上升，钻石首饰消费规模从2010年的500亿元增长至2019年的720亿元，总体增长保持稳定。其中，培育钻石依靠性价比更高的优势，在中国迎来新的市场机遇。

目前中国成品钻石市场仍然较小。2018年，中国实现成品钻石交易总金额43.3亿美元，其中人工培育钻石交易额为37亿元。自2020年之后，天然钻石行业受到新冠肺炎疫情的严重冲击，但中国培育钻石行业蓬勃发展，出口额逐渐增加。2020年，中南钻石用时11个月完成上一年的培育毛坯钻石销售量；黄河旋风在9—11月期间完成上一年销售额的80%。培育钻石行业在多重因素共同作用下，线上销售获得30%～40%

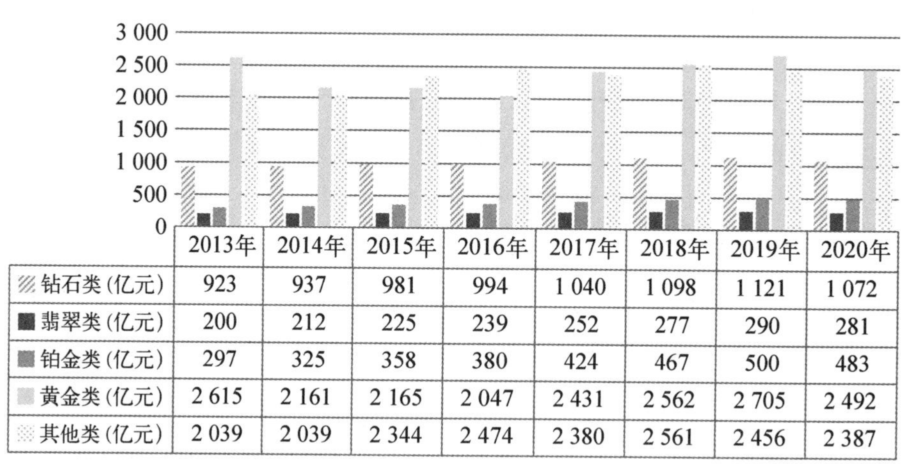

	2013年	2014年	2015年	2016年	2017年	2018年	2019年	2020年
钻石类(亿元)	923	937	981	994	1 040	1 098	1 121	1 072
翡翠类(亿元)	200	212	225	239	252	277	290	281
铂金类(亿元)	297	325	358	380	424	467	500	483
黄金类(亿元)	2 615	2 161	2 165	2 047	2 431	2 562	2 705	2 492
其他类(亿元)	2 039	2 039	2 344	2 474	2 380	2 561	2 456	2 387

图3-7　2013—2020年中国珠宝首饰市场细分品类规模

（资料来源：中商产业研究院，https://www.lgdiamond.cn/portal.php?mod=view&aid=1204&mobile=2）

的提升比例。

2013—2019 年,中国钻石类珠宝首饰市场规模逐渐扩大,2019 年达到最大为 1 121 亿元,2020 年受新冠肺炎疫情的冲击,市场规模下降至 1 072 亿元。(图 3-7)

3.2.3 中国培育钻石市场增长率预测

充足的矿产资源、出色的生产技术以及活跃的消费潜力,助力培育钻石在中国市场上更有力的发展。在未来全球培养钻石行业发展中,中国将成为原石市场规模位列第一的国家。预计到 2025 年,中国将占全球培育钻石原石市场总规模的 80.2%,约 295 万克拉。(图 3-8)

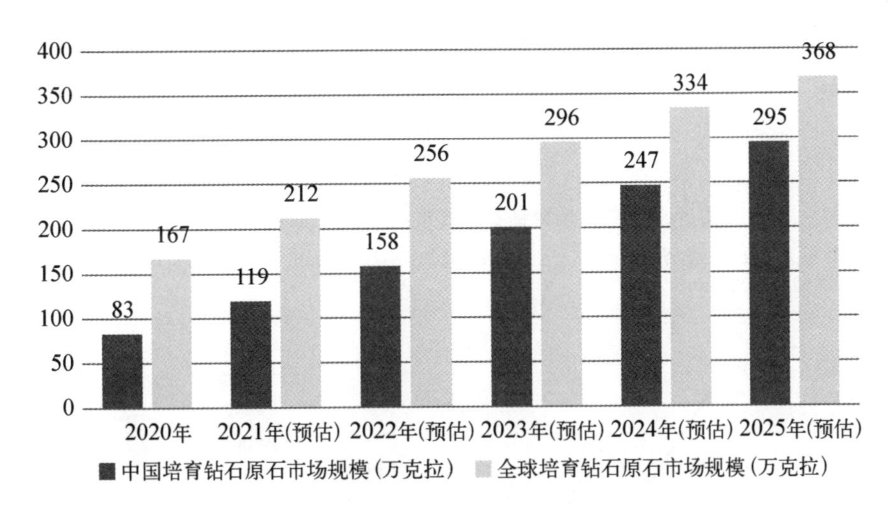

图 3-8 中国及全球培育钻石原石市场规模

(资料来源:贝恩咨询、前瞻产业研究院,https://xueqiu.com/4318019005/204534492)

虽然中国钻石市场较其他国家起步晚,但具有很强的爆发力。第一,中国经济经过改革开放以来四十多年的飞速发展,人们的生活水平与收入水平显著提高,有一定的经济能力在钻石市场消费。第二,近些年中国钻石市场消费构成中,婚戒消费超过 50%,且婚戒已成为婚庆的一种必需品,这促进了中国钻石市场的有力发展。第三,在中国传统的首饰类消费市场中,消费者通常偏好黄金、翡翠等保值类产品,相对比而言,新生代的消费者更倾向于购买具有美好寓意的钻石首饰,表达他们爱情的坚贞,这为中国未来钻石行业的发展提供了新的动力。第四，由于新冠肺炎疫情，电商、微商、直播等新零售模式在原来基础上快速发展，广泛的购买途径在一定程度上助力消费者购买钻石的方便与快捷。中国钻石行业发展未来可期。（图 3－9、图 3－10）

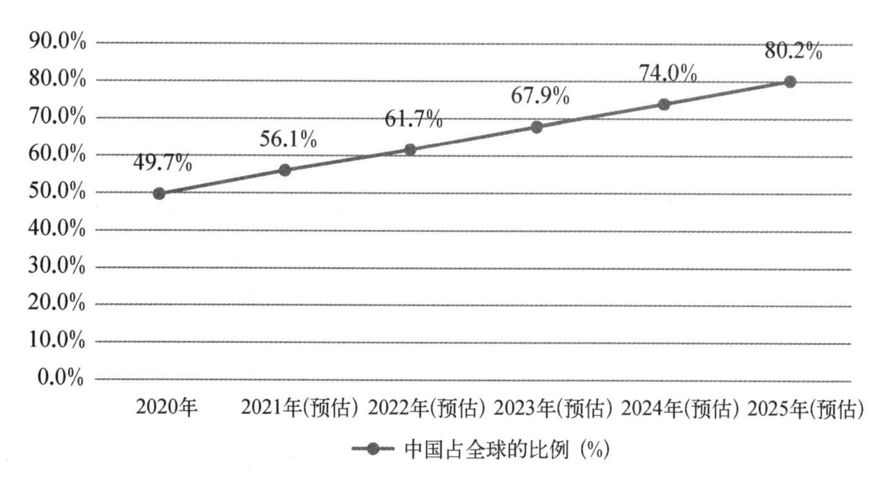

图 3－9　中国培育钻石原石市场规模占全球比例上升

（资料来源：贝恩咨询、前瞻产业研究院，https://market. chinabaogao. com/fangzhi/0HK492252021. html）

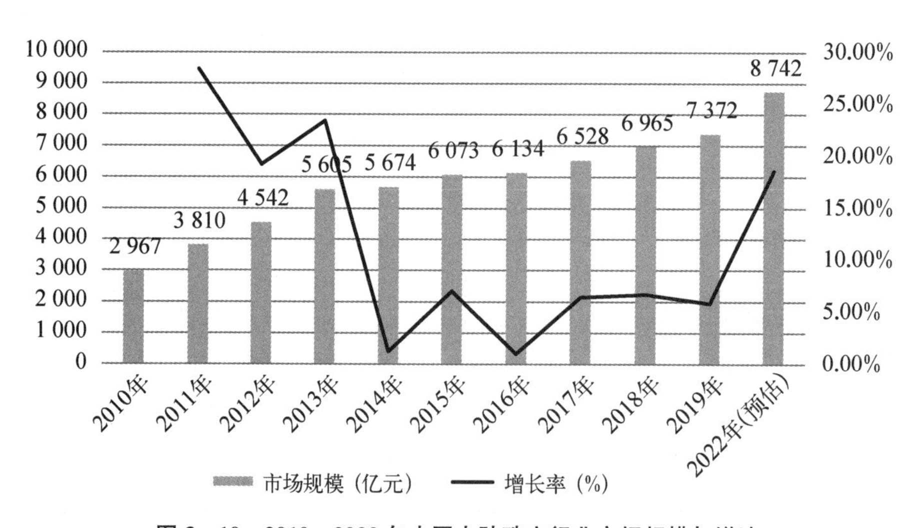

图 3－10　2010—2022 年中国大陆珠宝行业市场规模与增速

（资料来源：前瞻产业研究院、欧容，https://market. chinabaogao. com/fangzhi/0HK492252021. html）

3.3 欧美、印度市场产量、产值及增长率

3.3.1 欧美市场在全球培育钻石行业中稳居前列

全球毛坯钻全年产量前三位的市场分别为俄罗斯市场、博兹瓦纳市场以及加拿大市场，并且参考“全球宝石级钻石标准为毛坯钻开采过半”的历史规律，宝石级年产量前三的市场同样为上述三大市场。基于近年来全球五大洲毛坯钻产值变化规律的视角，在 2013 年超越北美洲市场成为全球产值第一后，非洲市场一直处于行业领先的地位，位列其后的分别为欧洲（俄罗斯）与北美洲（加拿大）。通过观察 2018 年北美洲市场年产量数据，该市场毛坯钻产值也处于领先水平。

美国是全球钻石珠宝零售的最大市场，2017 年以 352.6 亿美元的销售额占据全球 52％的市场份额。2019 年，美国钻石珠宝行业的市场总需求量为 380 亿美元，其中人工培育钻石需求量约为 128 亿美元。在美国结婚新人的群体中，订婚钻戒拥有率达 65％～70％，平均单价为 3 400 美元。

3.3.2 印度成为全球范围内最大的培育钻石加工国

随着全球培育钻石行业迅猛增长，印度逐渐成为全球范围内钻石加工的聚集地，其市场占据总钻石加工市场的极大份额，同时也是当今世界上重要的毛坯钻进口国和钻石加工国。印度因其低廉的人工成本和世代传承的切磨技术，抢占行业内加工制造中游裸钻和钻石饰品的市场份额，负责全球近 95％培育钻石的加工和生产，例如在苏拉特等地形成了高度集中的产业集群，因此印度在培育钻石行业的发展状况在一定程度上被认为是全球培育钻石行业发展的缩影。

4

全球及中国培育钻石消费端分析

4.1 全球培育钻石消费量及各地区占比

4.1.1 全球培育钻石消费市场[①]

(1) 全球钻石市场整体发展历程。

2017—2019年，钻石原石的产量相较2016年提高了20%，但产量的大幅提升并没有带来钻石需求的大幅增长，消费端的反应差强人意，这与国际上的政治关系、国际贸易政策以及消费者群体的心态变化等因素有关。到2019年底，钻石需求有所增长，市场业绩有所提升。

2020年，新冠肺炎疫情来袭，各国先后采取防疫措施，经济形势一片低迷，全球价值链受到打击，钻石的生产、加工、运输、销售、售后服务等环节均受到影响，甚至多个国家的钻石市场停滞，导致钻石原石产量大幅减少，成品钻石库存大量积压，价值链收入持续下降，钻石销量大幅下降。

2019年钻石原石销量下降15%，而2020年销量骤降33%，面对需求的锐减，钻石生产商试图通过限制供应来提升价格，2020年钻石产量因此下降了20%。此外，为了减少损失，有些下游企业还及时调整定价，改变营销方式，在零售环节增加了电子商务的方式。线上销售迎来增长，这不

① 本章节正文数据资料来源：贝恩咨询 https://www.bain.cn/news_info.php?id=1255。

仅仅体现在B2C(企业与个人之间的电子商务)交易，也体现在B2B(企业与企业之间的电子商务)交易，加速了钻石行业的结构性调整。

随着新冠肺炎疫情逐渐受控，造成的不利局面有所缓解后，2020年末钻石行业开始复苏，但预计2022—2024年全球才能全面复苏，在这个过程中必然伴随着价值链的调整和商业模式的转变，企业需要适应变化的形势和现实，继续吸引消费者，推动消费端的增长，实现行业的长期发展。

(2) 全球培育钻石市场发展。

近些年来，培育钻石发展迅猛，一方面，培育钻石技术日益成熟，产量上升，2019—2020年全球培育钻石产量为600万～720万克拉之间，培育钻石产能已占据一席之地，价格也将变得更具优势。另一方面，人们的消费观念在发生改变，新一代的消费者越来越重视企业的环保低碳和可持续发展的理念，以及社会责任的体现。各个方面的变化推动了培育钻石行业的发展，使培育钻石在消费市场占据一定份额。

目前，在全球钻石零售市场中，培育钻石所占的比例不到一成，其中，美国拥有最大的市场份额，并且保持着最快的增长速度。2020年，美国为全球培育钻石的最大市场，且份额比重较前一年有大幅上升；中国为第二大市场，虽然其在全球培育钻石零售端的占比还相对较小，但所占比重同比前一年仍有所增长；印度和其他地区同比基本持平，增长并不明显。

全球钻石消费需求的不断增加以及新冠肺炎疫情对天然钻石行业的冲击，给培育钻石注入了新的生机，带来了新的发展机遇。2020年，全球毛坯培育钻石销量700万克拉，渗透率为5.9%；根据培育钻石需求上涨趋势，毛坯培育钻石的销量和渗透率也将相应持续上升，预计到2025年，全球毛坯培育钻石销量为0.26亿克拉，培育钻石渗透率上涨9.9%，达15.80%。(图4-1)

与天然钻石相比，培育钻石的生产效率更高，可以花费更少的时间满足更多的需求，但是它的生产条件比较严格，为了维持物理和化学性能的稳定，在市场上成为天然钻石的替代品，它对生产过程中的技术和设备都有严格的要求，因此起初它的价格并没有那么低廉。但经过多年的市场发展，培育钻石的价格已经相对稳定，在区间内正常波动。2020年，全球

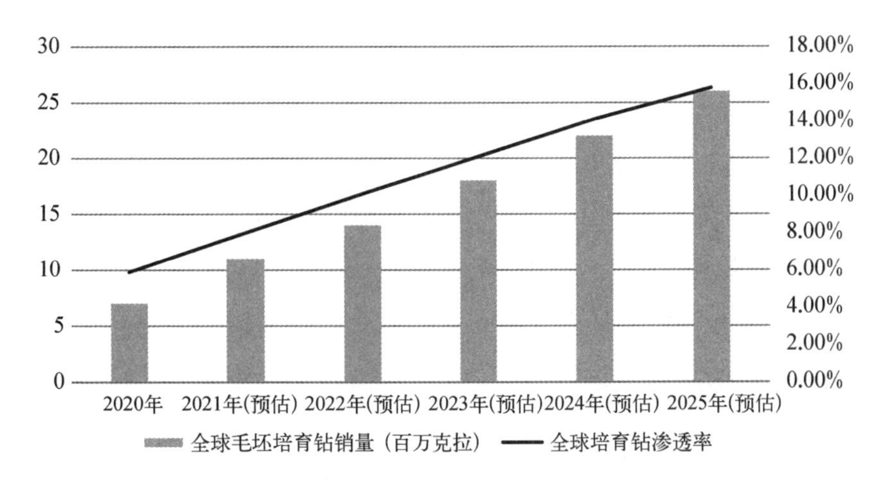

图 4-1　2020—2025 年全球毛坯培育钻石销量及渗透率

（数据来源：贝恩、戴比尔斯、智研咨询，https://www.chyxx.com/industry/202201/993910.html）

毛坯培育钻石出厂价为 950 元/克拉，零售价为 5 700 元/克拉。随着培育钻石生产技术在实际运用和研究的过程中逐渐成熟和完善以及培育钻石的生产质量不断提高，毛坯培育钻石出厂价和零售价均将先有所上涨，且品级越高，均价越高，价格提升的幅度越显著，但以后会持续下降，预计2025 年全球毛坯培育钻石出厂价会降至 900 元/克拉，零售价降至 5 400元/克拉。（图 4-2）

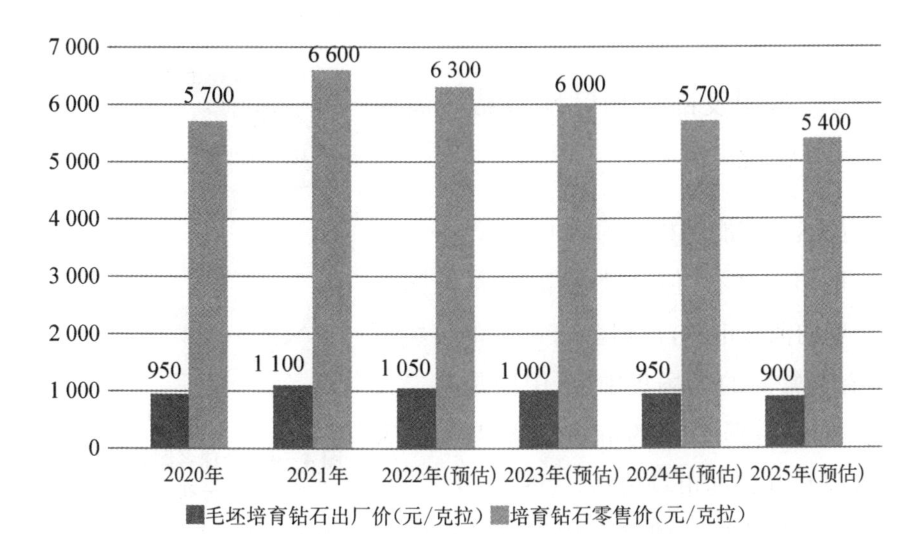

图 4-2　2020—2025 年全球培育钻石价格情况

（数据来源：贝恩、戴比尔斯、智研咨询，https://www.chyxx.com/industry/202201/993910.html）

2020 年，培育钻石制造端和零售端的市场规模分别为 67 亿元和 399 亿元。随着培育钻石生产技术和设备逐渐升级及越来越成熟，外在市场环境变化与内在消费者的观念也在发生变化，这为培育钻石市场规模增长打下了很好的基础，使得市场规模将逐步扩大。预计 2025 年全球培育钻石制造端的市场规模可达到 234 亿元，零售市场规模依旧保持较快增速，可达到 1 404 亿元。（图 4－3）

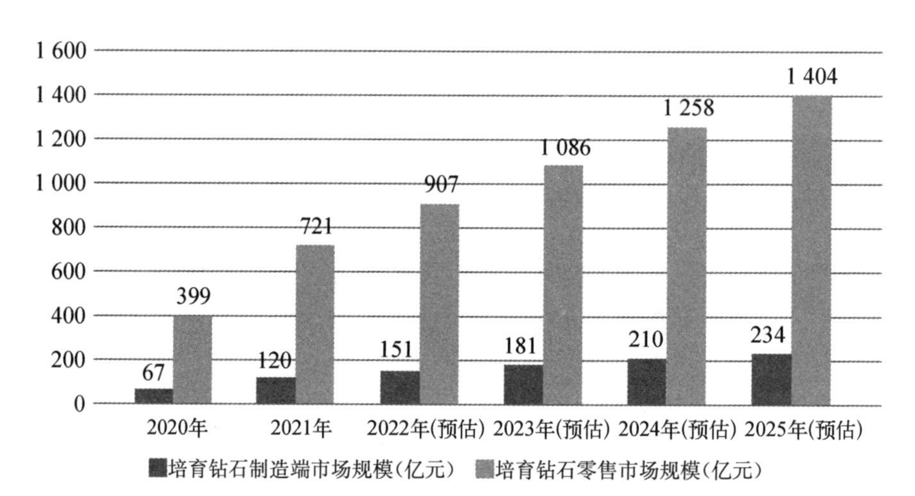

图 4－3　2020—2025 年全球培育钻石市场规模情况

（数据来源：贝恩、戴比尔斯、智研咨询，https://www.chyxx.com/industry/202201/993910.html）

4.1.2　各国及部分地区培育钻石消费情况

虽然从产能结构来看，中国生产了全球一半的培育钻石，但从消费量来看，美国是最主要的消费市场，占据全球 80%的市场份额，有非常高的市场集中度；中国是第二大消费市场，占据 10%的市场份额，其他国家占据剩下 10%的市场份额。（图 4－4）

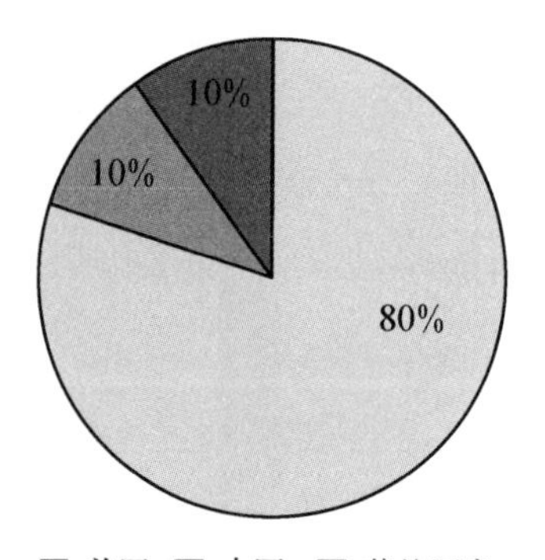

图 4－4　全球各国培育钻石消费分布

（数据来源：华经产业研究院，https://www.huaon.com/about/index.html）

（1）美国是全球最大的培育钻石消费国，占据全球 80% 的消费。据统计，

De Beers 旗下培育钻石品牌 Lightbox 在美国有 112 家门店；施华洛世奇旗下培育钻石品牌 Diama 在美国开了 51 家门店；CVD 培育钻石厂商 Diamond Foundry 在全球共有 133 家门店，其中 112 家门店都在美国。培育钻石的门店遍布全国，促使消费培育钻石从简单地停留在想法、难寻购买渠道到唾手可得前进了一大步，也推动了相关知识的科普，使得消费者对培育钻石的了解更加科学，购买培育钻石的意愿也有了提升。

2018 年 7 月美国联邦贸易委员会(FTC)宣布将实验室培育钻石纳入钻石大类，这是培育钻石发展史上的一个重大的里程碑和转折点，丰富和扩充了钻石定义的内涵，肯定了培育钻石的地位，此后培育钻石的认可度越来越高，行业参与者越来越多，消费端反应也越来越可观。随着培育钻石供需两端的快速发展，美国消费市场的零售终端以及相关的配套服务产业处于快速崛起状态。

2020 年，美国毛坯培育钻石销量为 560 万克拉，培育钻石渗透率为 9.60%；预计至 2025 年，美国毛坯培育钻石销量可达 1 780 万克拉，培育钻石渗透率将达 21.20%。(图 4－5)

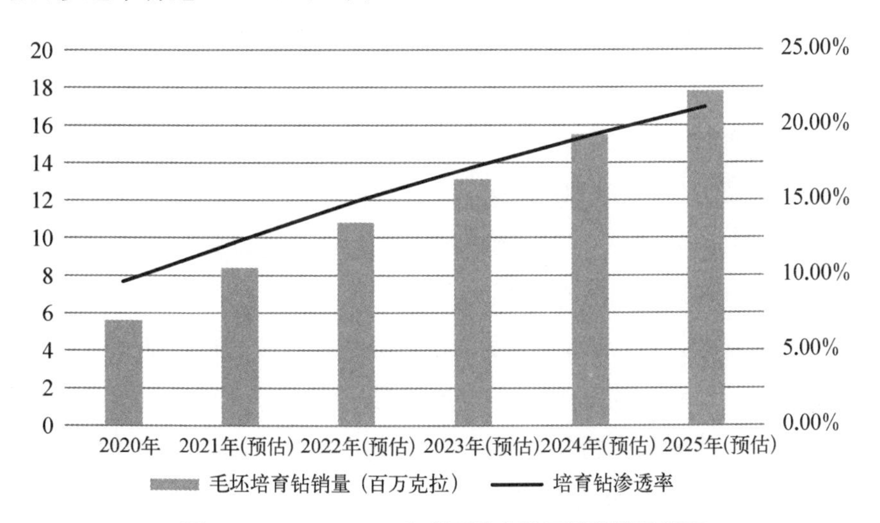

图 4－5　2020—2025 年美国培育钻石销量及渗透率

（数据来源：贝恩、戴比尔斯、智研咨询，https://www.chyxx.com/industry/202201/993910.html）

(2) 印度培育钻石进出口贸易频繁，交易额呈较快的增长状态。虽然新冠肺炎的流行在很大程度上影响了印度的进出口贸易，但印度的培育钻石进出口总量依然有明显提升，从 2019 年的 3.81 亿美元增长到 2020 年的 5.88 亿美元，同比增长达 54.2%。2021 年第一季度已抛光培育钻石出口额达到 2.18 亿美元，同比增长 114.8%①。

印度培育钻石裸钻出口额从 2015 年的 0.64 亿美元增长至 2020 年的 7.04 亿美元，2015—2020 年的年均复合增长率为 62%。2021 年 1—4 月，印度培育钻石裸钻出口额为 3.08 亿美元，同比增长 168.73%。（图 4－6）

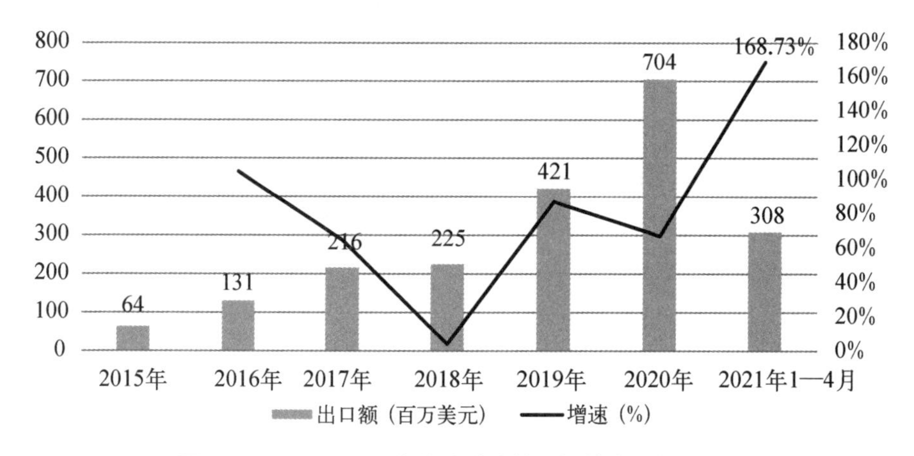

图 4－6　2015—2021 年印度培育钻石裸钻出口额及增速

（数据来源：华经产业研究院，https://www.huaon.com/channel/trend/744424.html）

2015—2020 年，印度培育钻石毛坯钻石进口额从 2015 年的 0.14 亿美元增长至 2020 年的 6.15 亿美元，2015—2020 年的年均复合增长率为 112%。2021 年 1—4 月，印度培育钻石毛坯钻石进口额为 3.29 亿美元，同比增长 293.94%。（图 4－7）

根据以往数据进行分析，印度毛坯培育钻石的进口量与抛光钻石的出口量大幅增长，印度市场有很大的发展空间，消费市场有很大的发展潜力。

（3）除了美国和中国外，其他国家总共占据 10%的市场份额，欧洲占全球培育钻石市场的份额不到 10%。由于欧洲市场严重依赖实体销售，因此受新冠肺炎疫情影响较大，不过预计将在 2022—2023 年达到疫情前的水平。

① 数据来源：贝恩咨询《国内外人造钻石行业发展历史及现状》，第 12 页。

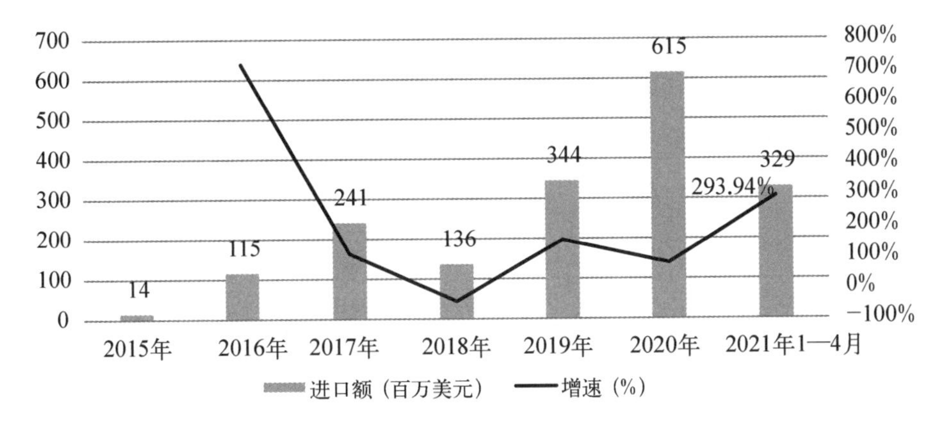

图 4－7　2015—2021 年印度培育钻石毛坯钻石进口额及增速

（数据来源：华经产业研究院，https://www.huaon.com/channel/trend/744424.html）

4.2　中国培育钻石消费量及需求预测

4.2.1　中国培育钻石市场

上海钻石交易所是中国内地唯一办理钻石进出口手续和钻石交易的机构。上海钻石交易所刚成立时，钻石市场的交易量和交易额都非常小。2011 年，中国的钻石市场体量已经成为全球第二，占据全球 10%的市场份额。

上海钻石交易所 2001—2019 年的数据显示，其钻石交易额有过一些浮动，在 2012 年、2015 年和 2018 年分别有所减少，但总体趋势依然是增长的，2018 年钻石交易额达到 57.84 亿美元，年平均增速 27%左右，而 2019 年钻石交易额又出现较大幅度的下滑，与当年全球钻石行业下滑的平均水平基本持平。

根据上海钻石交易所公布的数据，2018 年我国成品钻石交易总额为 43.3 亿美元，其中培育钻石交易额为 37 亿元，占比达 85.45%。

2020 年，突如其来的新冠肺炎疫情对各行各业都造成了不同程度的影响，天然钻石行业也不例外，面临着重大的挑战，但我国的培育钻石行业仍有不俗的成绩，培育钻石的出口额出人意料。我国培育钻石市场从2020年第三个季度开始逐渐恢复，不少企业只用几个月时间就完成了全年百分之七八十甚至百分之百的订单任务。例如，中南钻石2020年9—11月，仅用了短短三个月时间就完成了2019年80%的销售额，并且截至11月其销售额已经超过了2019年的销售总额。线上销售不降反增，增长幅度为30%～40%。

中国培育钻石渗透率仍处于持续增长的阶段，2020年中国毛坯培育钻石销量70万克拉，培育钻石渗透率4%；预计2025年中国毛坯培育钻石销量400万克拉，培育钻石渗透率13.8%。培育钻石具有的高科技属性和绿色可持续发展的理念使它具有无限可能性，吸引了很多人来研究和投资，有利于该产业长足发展。(图4-8)

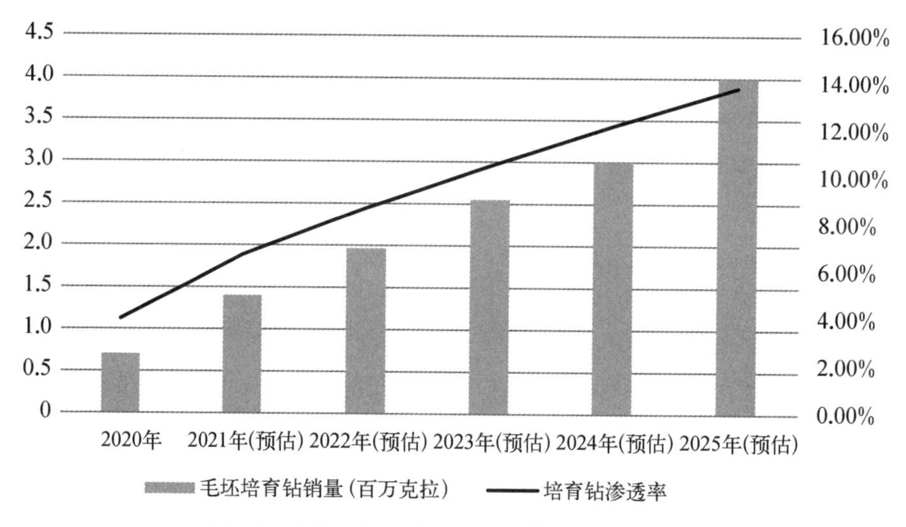

图4-8 2020—2025年中国培育钻石销量及渗透率

4.2.2 影响培育钻石需求的因素

(1) 外界影响：新冠肺炎疫情及国际大环境。新冠肺炎疫情使诸多行业进入停滞状态，婚礼行业和旅游行业受到极大冲击：婚礼被迫取消或推迟，使婚嫁钻石市场遭受重大损失；国际旅游受到限制，人们转向本地消费，中国海南成为国际旅游的替代目的地，加上海南的离岛免税政策以及免税额度的上涨，海南的免税钻石珠宝销量激增。同时，疫情防控期间电商行业快速发展，社交媒体和在线平台的直播模式更是加强了零售商与客户之间的交流，促进了线上消费与销售额的增长。

近年来，关键贸易地点出现政治不稳定的情况，贸易壁垒的加剧，中美贸易摩擦等，给多领域、多区域的经济活动带来了非常不利的影响。

(2) 内在驱动：消费理念与消费习惯。随着全球碳减排进程的加快，部分发达国家已经实现碳达峰，并且大部分国家计划在 2050 年实现碳中和。作为世界上最大的发展中国家，我国也做出了重要的承诺。2020 年，中国提出了 3060 双碳目标，即 2030 年前实现碳达峰，2060 年前实现碳中和。

新一代的消费者更加关注环境保护，而培育钻石非常符合可持续发展的理念，其生产过程低碳环保。因此，培育钻石不仅符合国家提出的双碳目标，也符合消费者对低碳环保的生活方式的追求。(表 4－1)

表 4－1 培育钻石和天然钻石的生产对环境的影响对比

环境保护		天然钻石	培育钻石
地表环境	土地开采(公顷/克拉)	0.000 91	0.000 000 71
	处理的矿物废料(吨/克拉)	2.63	0.000 6
	影响比例	1 281 ：1	
碳排放	碳(克/克拉)	57 000	0.028
	NO(克/克拉)	0.042	0.09
	硫氧化物	0.014	无
	影响比例	1 500 000 000 ：1	
水资源	耗水量(升/克拉)	480	70
	影响比例	6 900 000 000 ：1	

续 表

环 境 保 护		天然钻石	培育钻石
能 源	能源损耗(亿焦耳/克拉)	5 386	2 508
	影响比例	2.1 : 1	

(数据来源：华经产业研究院，https://www.huaon.com/channel/trend/744424.html)

4.2.3 中国培育钻石需求的预测

中国是世界第一大培育钻石生产国和第二大钻石消费国。

在过去，培育钻石在中国的普及程度远远低于其他国家，消费者不关注更不了解培育钻石，在他们眼中，培育钻石意味着人工制造以及低廉的价格。但是随着近几年培育钻石的普及和推广，消费者对培育钻石有了更清晰的认识，未来培育钻石的市场有非常广阔的发展空间，中国钻石市场依然会稳步向前持续发展。

(1) 中国经济目前已经进入一个中高速的平稳发展阶段，一个相对富裕、发展较快的社会有利于钻石市场的不断增长。

(2) 消费者越来越关注培育钻石并且愿意消费培育钻石，而企业在实现技术积累和提升后，纷纷从传统的天然钻石行业转投培育钻石行业，进行研发与生产，投资者也大为看好培育钻石行业。

(3) 中国的婚恋文化中，婚戒已经成为一种必需品。中国一线城市有近 80%的新人会选择钻石婚戒，而三、四线城市还有很大发展空间。

(4) 中国传统的观念上，黄金和翡翠是主要的首饰选择，但现在，作为代表未来的年轻一代的消费者，则更偏向于选择带有钻石的首饰，这给未来国内钻石行业发展提供了很好的成长环境，注入了新的生机和能量。

培育钻石在中国有较好的发展环境，消费潜力巨大。2020 年全球培育钻石原石市场规模为 167 万克拉，中国培育钻石原石市场规模为 83 万克拉，约占全球的一半，根据趋势，市场规模将继续扩大，预计中国培育钻石原石市场规模在 2025 年能达到 295 万克拉，占全球的比例也将上升

30%达到80%。据相关机构及贝恩咨询公司预测，保持平稳的增长趋势，使得市场规模持续上涨，中国有潜力成为世界上培育钻石原石市场规模占比第一的国家。(图4-9)

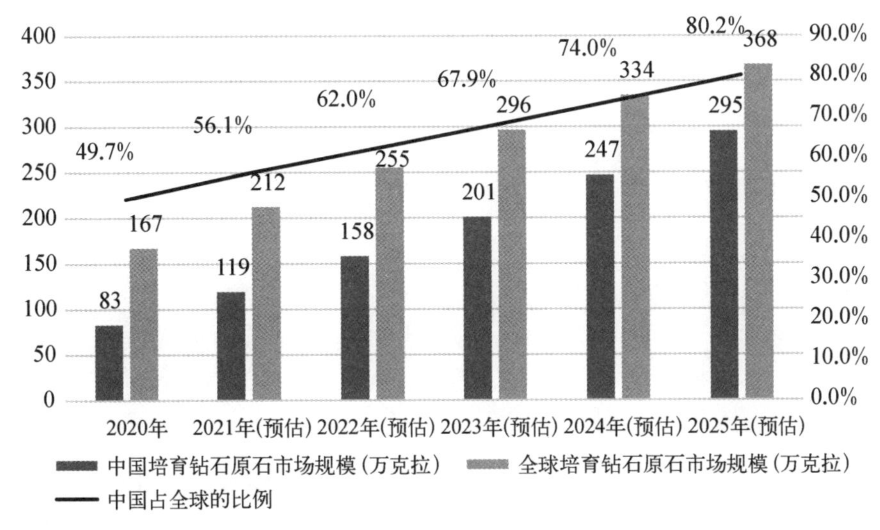

图4-9 中国培育钻石原石市场规模占全球比例

(数据来源：前瞻经济学人，https://baijiahao.baidu.com/s?id=1703794256719008793&wfr=spider&for=pc)

4.3 全球及中国钻石饰品消费量及需求预测

4.3.1 全球及中国钻石饰品消费量

(1) 培育钻石在珠宝市场的接受度。随着培育钻石产业的逐渐成熟，以及对公众的传播和普及教育，培育钻石逐渐被消费者所认可。培育钻石在珠宝市场仍有很大的发展潜力。以美国为例，美国的培育钻石消费市场巨大，在珠宝市场发展迅速，培育钻石在美国珠宝市场的表现对研究全球培育钻石珠宝市场具有重要的参考意义。

美国珠宝行业的组织The Plumb Club(TPC)2021年8月发布了《2021 The Plumb Club行业和市场洞察》，对培育钻石珠宝在美国市场的接受度进行了调研。

报告显示，有79%的人意识到培育钻石的存在，但41%的人并不了解天然钻石和培育钻石之间的区别。购买钻石时，84%的人更愿意购买天然钻石，余下小部分人会选择购买培育钻石。虽然已经有大部分人知道培育钻石，但会选择消费培育钻石的还是少数。（图4-10）

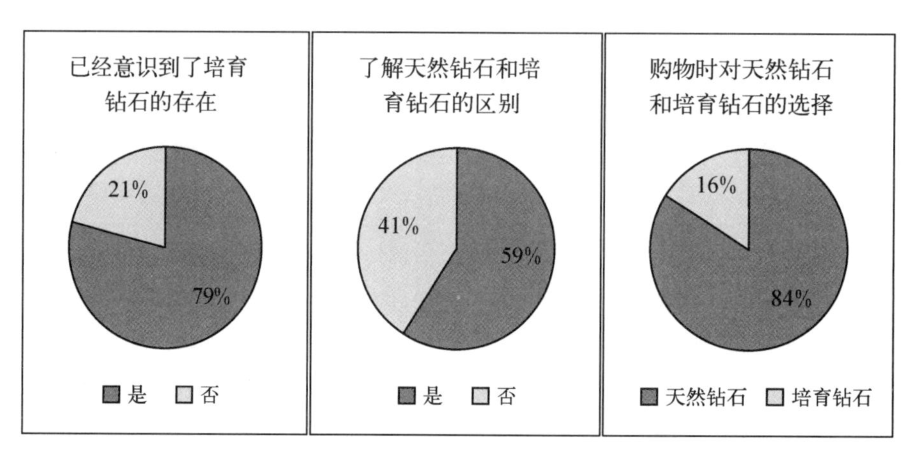

图4-10　培育钻石在美国市场的接受度

（数据来源：TPC报告，https://www.sohu.com/a/481216760_121124890）

根据针对美国婚恋市场的调查可以发现，83%的人会接受购买培育钻石时尚珠宝（订婚/结婚戒指或周年纪念戒指以外的首饰），65%的人接受购买培育钻石订婚戒指。选择购买培育钻石饰品的人群中，因为价格低而选择培育钻石的消费者占37%，因为同等价位能买到更大克拉的消费者占25%，道德因素的消费者占20%，环保因素的消费者占18%。在钻石珠宝领域，不论是时尚珠宝还是钻戒，培育钻石的接受程度都是很高的，其中很大的原因与其价格优势有关。（图4-11）

在对钻石珠宝款式的选择调查中，对于现代、时尚的设计风格，更多的人会选择使用培育钻石，占47%，而38%会选择天然钻石；对于传统、经典的设计风格，人们更多偏好选择天然钻石，占49%，而37%的人认为这种设计更适合培育钻石；对于复古的设计风格，选择培育钻石和天然钻石的人比例相差不大，分别占16%和13%。（图4-12）

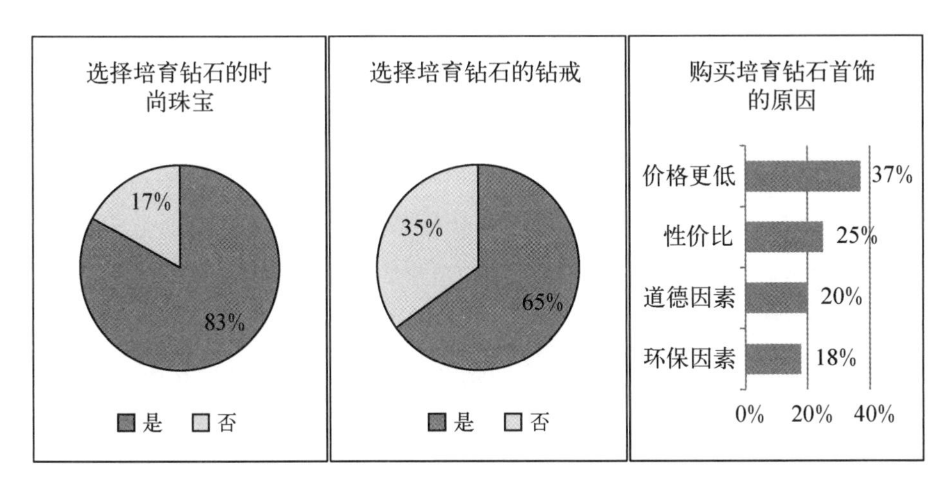

图 4-11　美国婚恋市场接受购买培育钻石情况

(数据来源：TPC 报告，https://www.sohu.com/a/481216760_121124890)

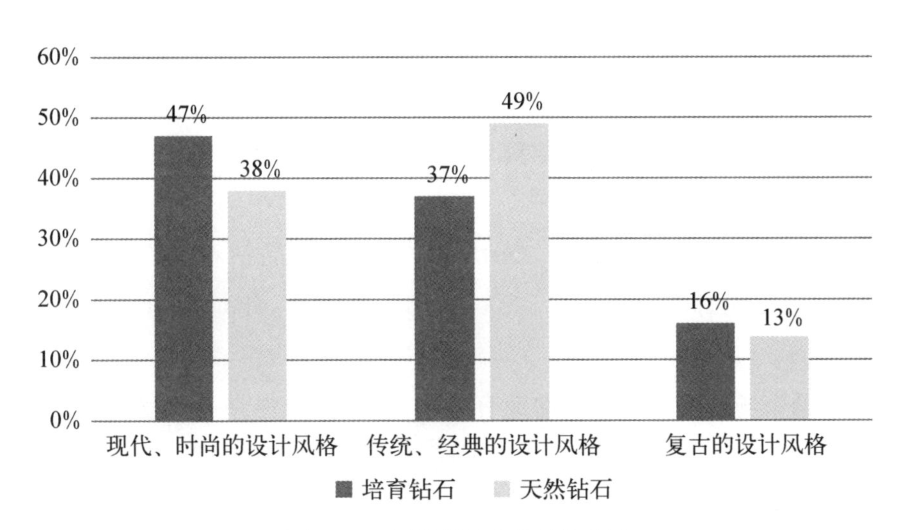

图 4-12　对设计风格的偏好选择

(数据来源：TPC 报告，https://www.sohu.com/a/481216760_121124890)

(2) 全球珠宝行业地区和品类占比。2018 年，全球钻石珠宝销售额达到 859 亿美元；2009—2018 年，年均复合增长率达到 3.32%；2019 年，全球钻石珠宝销售额较 2018 年有所下降，但也达到了 842 亿美元。从钻石珠宝销售额来看，目前美国依然是全球最大的珠宝消费市场，全球占比为 33%；其次是中国(大陆及香港)，共占据全球 25%的市场份额；印度和

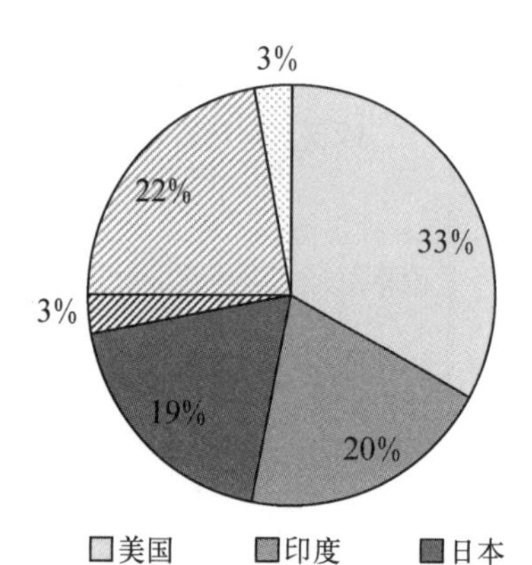

图 4－13　2013—2019 年全球钻石珠宝销售额占比

（数据来源：贝恩咨询《国内外人造钻石行业发展历史及现状》）

日本的全球占比分别为 20%和 19%。（图 4－13）

在国际珠宝市场上，最受青睐的产品种类是钻石。美国市场钻石饰品占比达一半。而在中国市场中，黄金和玉石类的首饰是更为传统的选择，黄金和玉石类的产品在中国珠宝市场被选择的占比达 70%以上，而钻石饰品占比仅在 20%左右，对标国际，我国未来钻石珠宝渗透率有很大的提升空间。

（3）钻石珠宝零售市场情况。

中美两国是全球钻石销售量最多的国家，且两国合计的销售额占比超过全球总量的一半，因此，中美两国的钻石零售情况对全球钻石珠宝市场的影响很大，我们可以选用两国的成品钻进口额观察全球钻石珠宝零售情况，并推测全球钻石销售市场未来的发展情况。

美国市场增长非常缓慢。2018 年，美国的成品钻石进口总额约为 232.96 亿美元，同比增长 7.51%，2013—2018 年，年均复合增长率仅为 0.43%。

中国市场过去 5 年复合增速有所回落，根据上海钻石交易所以往的数据，2018 年中国一般贸易口径下成品钻石进口总额为 27.06 亿美元，创下历史新高，实现同比增长 7.59%。2002—2012 年，年均复合增长率高达 48.20%；2013—2018 年，年均复合增长率大幅回落至 9.36%。

中国是世界第二大培育钻石消费国，对标世界第一名的消费需求量仍有较大空间，并且其对钻石饰品的需求量也保持在上升的趋势。2016—2020 年，中国钻石饰品需求逐年稳定上升，2016 年钻石饰品需求达 640 亿元，2020 年需求增长 10%，达到 707 亿元。面对递增的钻石需求，培育钻石性价比越高，其发展的可能性就越大，越可能扩张市场份额。2021 年，我国钻石饰品需求已达 723 亿元。（图 4－14）

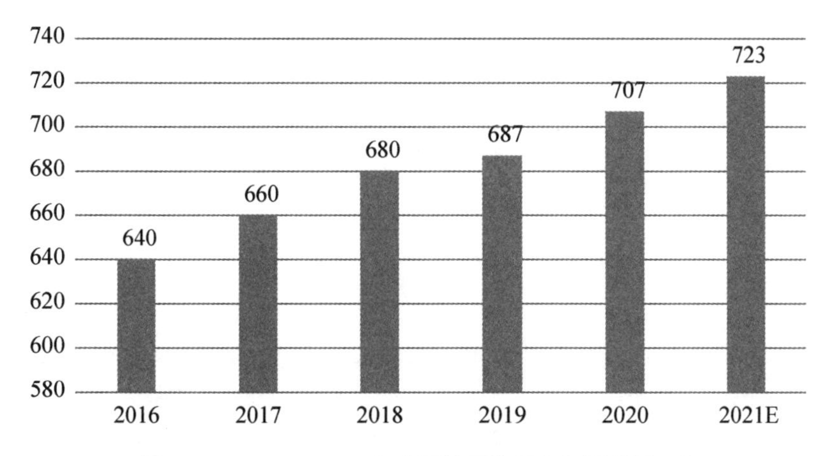

图 4-14 2016—2021 年中国钻石饰品市场需求(亿元)

(数据来源：戴尔比斯、上海钻石交易所、中商产业研究院，https://baijiahao.baidu.com/s? id=1699520788309055622&wfr=spider&for=pc)

从珠宝首饰行业经营情况来看，根据国家统计局数据，2013—2019 年整体发展趋势是增长的，但由于新冠肺炎疫情影响，2020 年相对 2019 年有小幅下滑，但总体发展依然可观。2020 年，我国珠宝首饰及有关物品制造行业规模以上企业①数量为 607 家，行业资产总额为 2 318.4 亿元，销售收入为 3 928.8 亿元，利润总额为 154.3 亿元。在疫情得到有效控制后，在国家及行业的政策和规则的支持下，企业实行战略调整，制定适宜的营销策略，珠宝首饰行业有望继续向好的发展方向。(图 4-15)

从珠宝首饰市场规模来看，我国珠宝首饰行业市场规模 2013 年为 5 605 亿元，2019 年达到 7 072 亿元，几年间就涨了一千多亿元，并且增速平稳。受新冠肺炎疫情影响，2020 年略有下滑，降为 6 715 亿元(图 4-16)。从细分品类来看，2020 年我国钻石类珠宝首饰规模为 1 072 亿元。从珠宝首饰人均消费金额来看，近年来我国珠宝首饰人均消费金额整体呈增长态势，2011 年人均消费金额为 282.8 元，2019 年增长至人均消费金额 505.1 元，几乎翻了一番。2020 年下滑至人均消费金额 478.3 元(图 4-17)。疫情防控期间人们错过或取消了很多钻石方面的消费，在疫情得到有效控制后，人们迫切希望改善生活质量，享受美好生活，大多数人

① 规模以上企业，简称规上企业，一般指产品销售收入 2 000 万元以上(含)的工业企业。

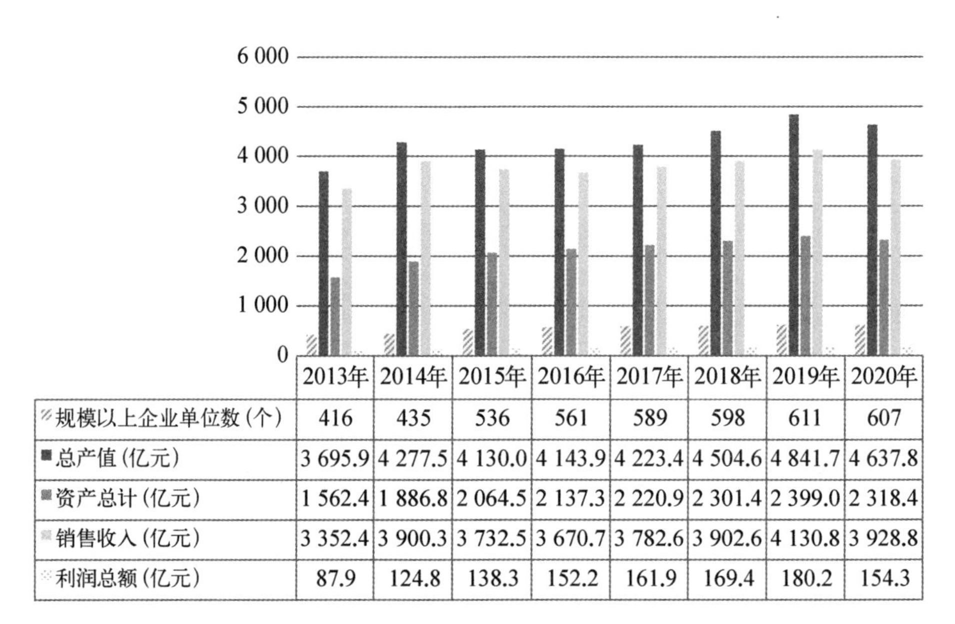

	2013年	2014年	2015年	2016年	2017年	2018年	2019年	2020年
规模以上企业单位数（个）	416	435	536	561	589	598	611	607
总产值（亿元）	3 695.9	4 277.5	4 130.0	4 143.9	4 223.4	4 504.6	4 841.7	4 637.8
资产总计（亿元）	1 562.4	1 886.8	2 064.5	2 137.3	2 220.9	2 301.4	2 399.0	2 318.4
销售收入（亿元）	3 352.4	3 900.3	3 732.5	3 670.7	3 782.6	3 902.6	4 130.8	3 928.8
利润总额（亿元）	87.9	124.8	138.3	152.2	161.9	169.4	180.2	154.3

图 4－15　2013—2020 年我国珠宝首饰及有关物品制造行业经营简况

（资料来源：国家统计局，http://www.stats.gov.cn/tjsj/；智研咨询，https://www.chyxx.com/industry/202107/965981.html）

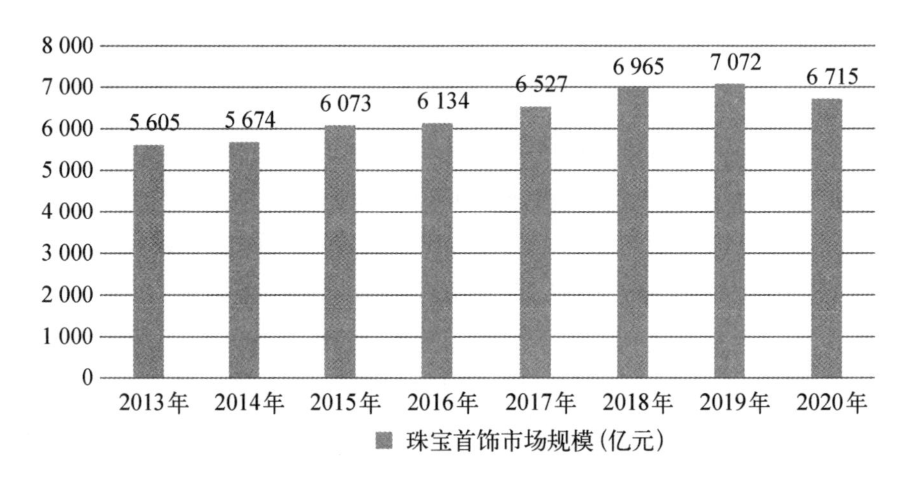

图 4－16　2015—2020 年我国珠宝首饰市场规模

（数据来源：智研咨询，https://www.chyxx.com/industry/202107/965981.html）

会选择花费相同甚至更多的钱在钻石珠宝上，无论是理性消费抑或感性消费，都将极大地促进钻石珠宝的终端消费，贡献市场的销售额。

就钻石消费渠道而言，虽然近年来我国电商发展迅速，且受疫情影

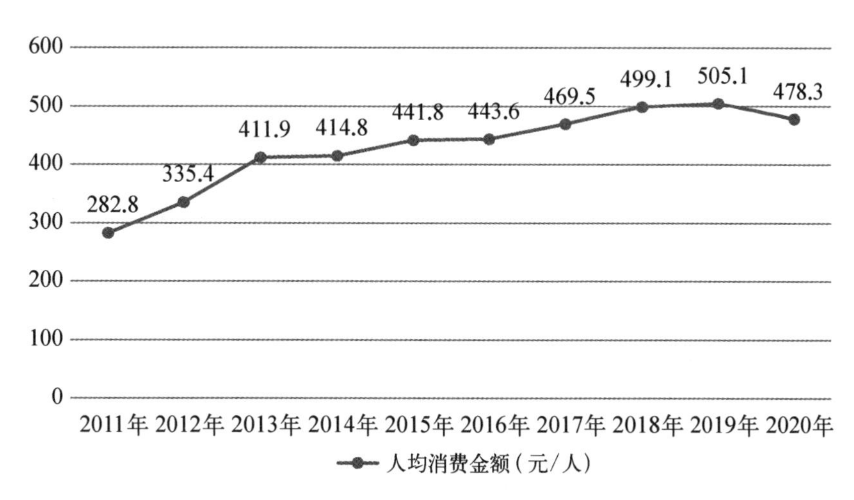

图 4-17　2009—2020 年我国珠宝首饰人均消费金额统计图

(数据来源：智研咨询，https://www.chyxx.com/industry/202107/965981.html)

响，我国消费者选择通过线上渠道购买钻石珠宝的比例有所增加，从 2016 年到 2020 年，四年间上涨了 3%，但也仅有 8%的受访者偏好在线上渠道进行钻石消费，在总的消费选择中占比甚微(图 4-18)。更大多数的受访者选择在品牌专卖店、商场专柜、免税店、街边店等线下渠道进行钻石珠宝消费，线下渠道依然是绝大多数人的首选。跟日常消费品不同，钻石珠宝价格昂贵，试错成本高，人们不愿意怀着不确定性冒这样的风险，且现在的消费者更加注重自身感受，想要提升消费体验，因此，培育钻石品牌虽然顺应时代趋势，跟上发展的步伐，设置了线上销售渠道作为切入点，但同时也会开设线下体验店来提高消费者对培育钻石的认知度，扩大自身品牌影响力，扩大市场份额，获得更大的经济效益。

从消费人群年龄结构看，根据 De Beers 的报告，按钻石珠宝消费件数计算，2018 年美国的年长千禧一代与年轻千禧一代分别贡献了 40%和 10%，合计占比约一半；按钻石珠宝零售额计算，年长千禧一代与年轻千禧一代分别贡献了 52%和 7%，合计占比约六成。

中国与美国钻石珠宝的消费人群结构高度相似。根据 De Beers 的报告，按钻石珠宝消费件数计算，2017 年中国年长千禧一代与年轻千禧一代分别贡献 69%和 10%，合计接近八成；按钻石珠宝零售额计算，年

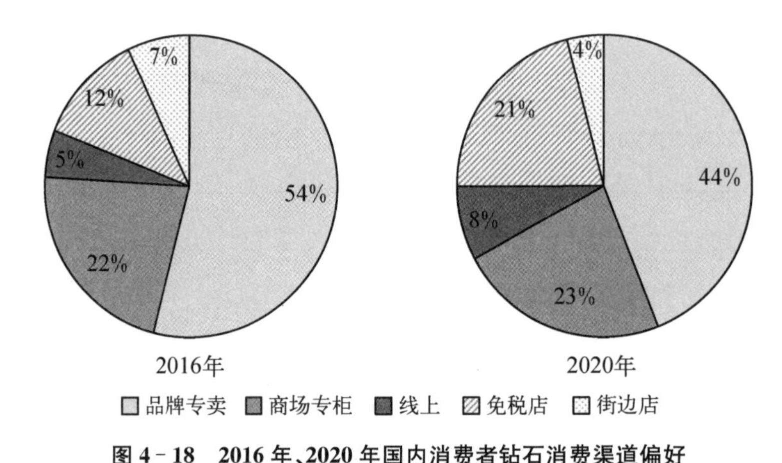

图 4-18　2016 年、2020 年国内消费者钻石消费渠道偏好

（数据来源：贝恩，华金证券研究所（样本数量 $n=501$），https://data.eastmoney.com/report/orgpublish.jshtml?orgcode=80000134）

长千禧一代与年轻千禧一代分别贡献了 70%和 8%，合计占比接近八成。

结合来看，无论从钻石珠宝消费总金额还是数量上来看，年龄处于 26～39 岁的年长千禧一代与年龄处于 21～25 岁的年轻千禧一代是当前的主力消费者，而尚处于 0～20 岁的 Z 世代可能是未来的主力消费人群。

总的来说，未来全球钻石珠宝销售额将保持延续近年来较为温和的增长趋势，并且这一趋势主要依靠年长千禧一代与年轻千禧一代这两大人群对钻石珠宝的消费[①]。

4.3.2　全球及中国钻石饰品需求预测

根据贝恩咨询发布的全球钻石行业研究报告，以及全球钻石行业的发展趋势，不论是最佳的情况下实现 V 形曲线式的恢复还是相对保守的情况下实现 W 形曲线式的恢复，钻石珠宝行业预计都将在未来 2～4 年内恢复，市场将在 2022 年或 2023 年恢复到疫情流行前的水平。中国钻石珠宝零售市场将在 2021 年初复苏，而其他发达国家将在 2022—2023

① 本节数据资料来源：贝恩咨询《国内国外钻石珠宝行业现状及市场趋势》第 13 页。

年达到疫情前的水平。

短期内,全球钻石珠宝销售额可能会因为受全球经济增长速度的放缓等负面因素影响出现波动,但长期来看,结合长期全球钻石珠宝销售额保持低速平稳增长的趋势,预计全球及中国钻石饰品销售额及需求将继续平稳增长。

中国市场未来将继续保持平稳发展趋势的主要原因如下:

第一,钻石饰品渗透率有较大的提升空间。受传统文化和思想影响,黄金类首饰在中国仍是主要的珠宝消费种类,钻石类首饰所占比例较小。同时,中国不同珠宝产品的市场成熟程度不同,根据世界黄金协会数据,我国一线城市钻石饰品渗透率处于领先地位,达到 61%,而二线城市钻石饰品渗透率为 48%,三、四线城市则只有 37%(图 4-19),这些地区想要追上一线城市的市场水平,还有很大的增长潜力与空间的发展广阔,未来这部分地区的需求将成为钻石首饰行业发展的重要增长点。

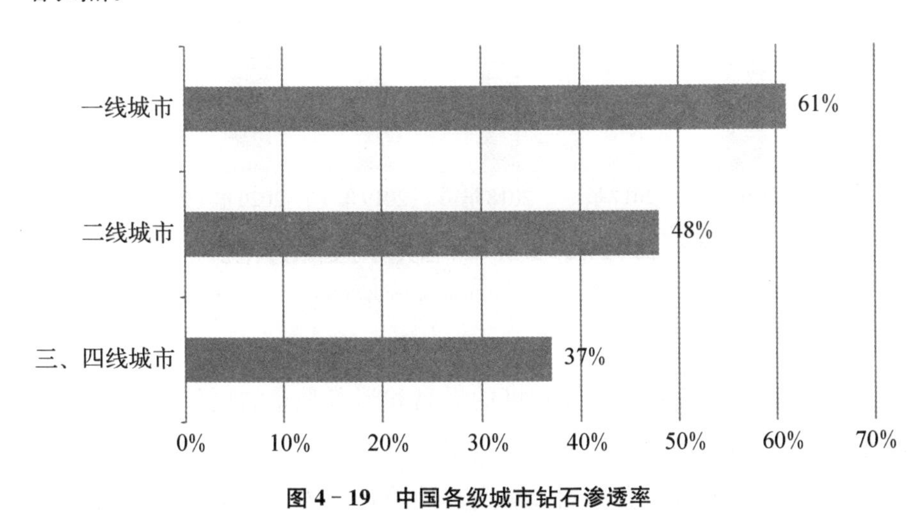

图 4-19 中国各级城市钻石渗透率

(数据来源:世界黄金协会、中商产业研究院,https://baijiahao.baidu.com/s?id=1699520788309055622&wfr=spider&for=pc)

第二,婚庆市场需求稳定。在整个钻石珠宝市场中,最不可忽视的部分就是婚庆市场。根据 De Beers 发布的《2019 钻石行业洞察报告》,2018 年中国钻石首饰需求同比增长 3%,总额达 680 亿元人民币。长期看来,随着市场发展，我国的消费升级仍在持续，钻石珠宝首饰行业市场在未来会继续平稳发展，长期保持增长的态势。人均需求增长空间较大，但想要赶上发达国家的水平还有很长的路要走。

第三，人均可支配收入不断提高。我国经济不断发展，在国际上的经济地位不断提升，可量化的指标也显示出我国经济发展的巨大能量，居民人均可支配收入也在不断增长。数据显示，2021 年第一季度，我国人均可支配收入为 9 730 元，同比增长 13.7%(图 4－20)。随着居民人均可支配收入的持续提高，消费者在钻石珠宝首饰方面的消费能力及消费意愿有望增加，市场潜力巨大。

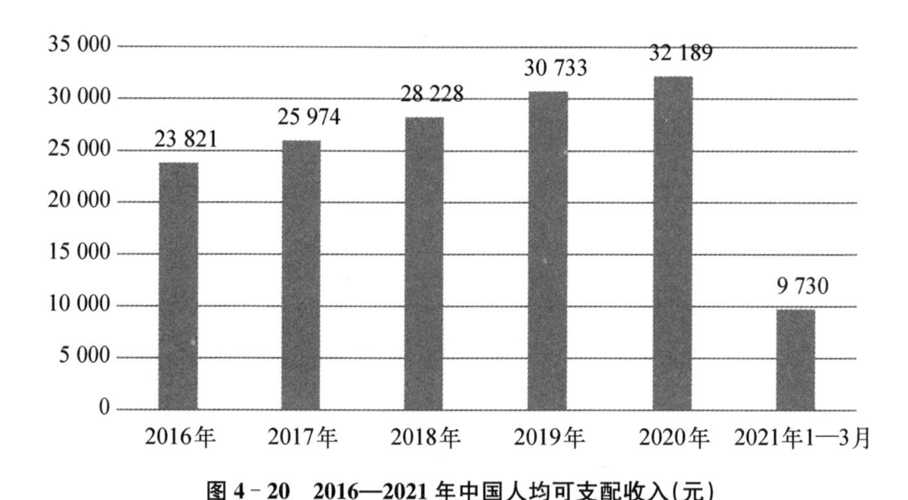

图 4－20　2016—2021 年中国人均可支配收入(元)

(数据来源：中商产业研究院，https://baijiahao.baidu.com/s?id=1699520788309055622&wfr=spider&for=pc)

未来，随着培育钻石普及程度的提高和消费观念的更新，消费者将会越来越认可培育钻石，愿意选择购买培育钻石产品。此外，随着年轻消费者多样化需求的提高，会深刻影响到其他消费群体，同时随着可支配收入增加，人们的消费能力提升，会带动培育钻石消费市场多元化发展，市场规模将继续扩大。预计到 2027 年，中国珠宝首饰行业市场规模将达到 9 098 亿元。(图 4－21)

以下是根据全球培育钻石首饰市场的发展趋势所作的几点假设并绘制的全球钻石珠宝需求预测表(表 4－2)。

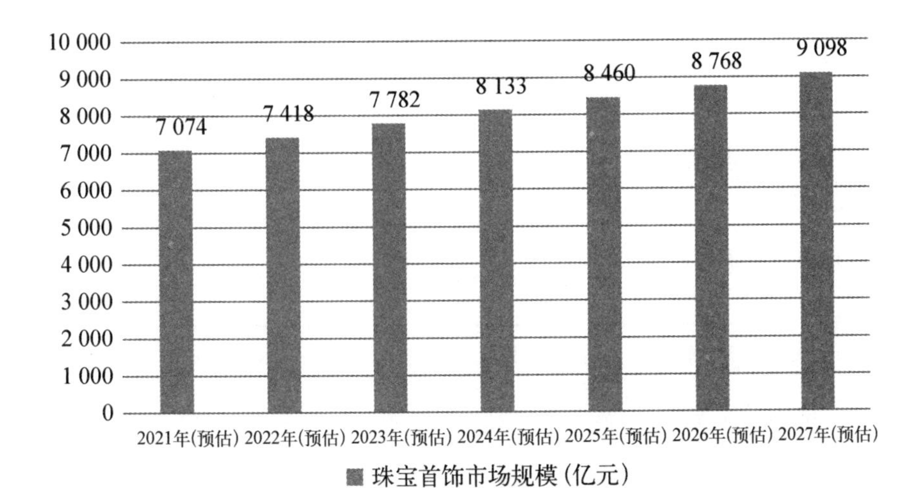

图 4-21　2021—2027 年我国珠宝首饰市场规模预测

(数据来源：智研咨询，https://www.chyxx.com/industry/202107/965981.html)

表 4-2　2021—2025 年全球钻石珠宝需求预测

年　　份	2021	2022	2023	2024	2025
全球天然钻石产量(万克拉)	11 342	11 569	11 801	12 037	12 277
培育钻石渗透率	7.8%	9.6%	11.4%	13.2%	15.0%
全球培育钻石原石产量(万克拉)	885	1 111	1 345	1 589	1 842
培育钻石原石单价(万元/克拉)	0.24	0.23	0.22	0.21	0.20
全球培育钻石原石市场规模(亿元)	212	255	296	334	368
中国培育钻石原石产量占比	56%	62%	68%	74%	80%
中国培育钻石原石市场规模(亿元)	119	158	201	247	295
全球培育钻石裸钻产量(万克拉)	295	370	448	530	614

续 表

年 份	2021	2022	2023	2024	2025
培育钻石裸钻零售价(万元/克拉)	1	1	1	1	1
全球培育钻石裸钻市场规模(亿元)	295	370	448	530	614

(数据来源：贝恩咨询《国内外人造钻石行业发展历史及现状》,http://www.gci-corp.com/gs-c-3)

一是全球天然钻石产量每年稳步上升，上升比率稳定在2%左右。2020年产量为11 120万克拉，至2025年天然钻石的产量将达到12 277万克拉。

二是培育钻石渗透率保持平稳增长的态势，增长率稳定为1.8%。2020年培育钻石渗透率为6%,2025年培育钻石渗透率会上涨到15%。

三是随着培育钻石行业的发展、成熟、壮大，培育钻石的技术逐渐成熟和完善，市场规模逐渐扩大，原石单价最终稳步下降，2025年原石单价将降至2 000元/克拉。

四是从实验室生产出来的培育钻石原石经过加工修饰成为最终的裸钻产品过程中的损耗比例预估为1克拉裸钻对应3克拉原石。

五是培育钻石裸钻零售价稳定为1万元/克拉。

六是保持总趋势稳定持续，预计2025年全球培育钻石原石市场规模达368亿元，其中中国市场为295亿元，占比为80.16%。

5

培育钻石价值链和主要竞争企业分析

5.1 培育钻石产业上游：毛坯钻石生产

毛坯钻石生产作为培育钻石产业的上游，尤为重视原石的产量、生产技术与价格，是钻石产业发展的关键部分。

放眼全球，高温高压（HPHT）和化学气相沉积（CVD）是当下培育钻石的主要生产技术且互不可被替代。从 20 世纪中叶起，高温高压技术就被运用到工业中的各个领域，并于近些年在国内打造了以粉末触媒、合成压机大型化等合成技术共同合成金刚石单晶的领先工艺。化学气相沉积技术则后于高温高压技术被应用于 20 世纪 80 年代，该方法通过控制沉积生长条件促使活性碳原子在基体上沉积交互生长成金刚石晶体。与化学气相沉积技术相比，高温高压技术合成的主要是颗粒状单晶培育钻石，用其生产小克拉钻石有着更高的综合效益，尤其是在 1～5 克拉培育钻石合成方面，有着合成速率快、利润大成本低的优势。化学气相沉积技术合成的主要是呈片状培育钻石，虽采用该方法成本高、培育周期长，但培育出的钻石较高温高压技术更纯净，是培育 5 克拉以上钻石的不二之选。两种培育钻石的技术各有千秋，用于不同钻石工艺，互相不可被替代且将在各自侧重领域内保持共同发展的态势。

美国科学家威廉·艾弗索曾初次使用化学气相沉积技术于 19 世纪中叶合成金刚石，尽管由于技术发展不完善导致开发成本极高且合成钻石的纯净度和色泽都逊色于宝石级天然钻石，在当时没有对宝石级天然钻石市场产生较大影响，因此该技术主要用于工业生产。

随着2013年CVD钻石迈入珠宝市场，运用HPHT技术进行少量无色小颗粒培育钻石的生产在2016年开始盛行。随着中南钻石、黄河旋风、力量钻石在2018年突破HPHT生产3～5克拉培育钻石技术的难关，2020年培育钻石的量产成为现实。与此同时，CVD技术培育的钻石在纯净度、色泽、重量等多方面也有着质的飞跃。当前，3～8克拉高等级培育钻石毛坯已进入量产阶段。

目前，国内培育钻石行业在上游生产环节集聚了如力量钻石、中南钻石、黄河旋风等A股上市公司，它们多数采用HPHT技术。而上海征世公司则采取CVD技术生产培育钻石。放眼采用CVD技术的很多发达国家，国内以HPHT技术为主在培育钻石在成本和价格方面存在一定的优势。(表5-1)

表5-1　我国培育钻石行业产业链上游代表企业及其优势分析

生产技术	企业名称	主营业务	优势分析
高温高压(HPHT)	力量钻石	人造金刚石产品研发、生产和销售	核心产品优势：力量钻石专注于金刚石单晶、金刚石微粉和人造金刚石三大核心产品。该公司的培育钻石产品从零星生产低品位小型碎片钻石到批量供应大粒度高级钻石，都是从无到有。公司正在批量生产2～10克拉级优质人造金刚石，实验室技术研究阶段的人造金刚石可达25克拉
	中南钻石	工业金刚石	市场地位优势：中南钻石主导产品工业金刚石产销量及市场占有率连续多年稳居世界首位，近年来完成培育钻石的开发，并成为国内培育钻石主要生产企业之一，主要以HPHT技术生产，产品以2～10克拉为主；2技术优势：目前公司已掌

续　表

生产技术	企业名称	主营业务	优势分析
高温高压(HPHT)	中南钻石	工业金刚石	握了20～50克拉培育金刚石单晶的合成技术,20～30克拉培育钻石可批量化稳定生产,同时也掌握了厘米级高温高压CVD晶种制备技术,CVD培育钻石产品制备技术达到了国际主流水平
	黄河旋风	金刚石单晶金刚石微粉培育钻石的生产	生产规模优势：黄河旋风是国内最大的金刚石生产企业之一,于2015年实现了"宝石级金刚石系列产品开发与产业化"项目的产业化和市场化批量生产,目前黄河旋风公司3～5克拉首饰用培育钻石在国内外拥有稳定的市场
	豫金刚石	超硬材料生产	核心技术优势：豫金刚石掌握关键基础设备大腔体压机的制备技术,金刚石合成工艺、金刚石应用研究及金刚石检验检测等核心技术,能够独立完成从原材料到成品生产全过程,2020年豫金刚石已实现5～6克拉产品的量产,且具备10克拉以上量产技术
化学气相沉积(CVD)	上海征世	基于CVD技术的单晶金刚石研发	产品优势：2013年上海征世培育出首饰级CVD单晶金刚石,2021年研发出16.41克拉的宝石级CVD培育钻石,被GIA官方认证为全球最大的CVD培育钻石,目前主要销售的产品以1～17克拉CVD培育钻石为主

(数据来源：力量钻石招股说明书、华经情报网、东莞证券研究所,http://www.lldia.com)

随着培育钻石生产技术的发展和优化,全球培育钻石原石总量持续上涨,且我国在全世界的培育钻石上游毛坯钻石供给最多。根据贝恩咨询发布的《2019全球钻石行业报告》,全球培育钻石产量的年增长率在

2018年和2019年分别为15%、20%，且增长的主要贡献者是中国。根据华经情报网的报道，全球培育钻石毛坯总产量在2020年为720万克拉，我国的培育钻石毛坯产量占全球的42%，高达300万克拉。印度和美国的培育钻石毛坯产量分别为150万克拉、100万克拉，合计占比为35%；其余地区的培育钻石毛坯产量为170万克拉，占比为24%。至2020年，中国已然成为全世界最大的培育钻石生产国。

5.2 培育钻石产业中游：钻石切割加工

培育钻石产业链中游以钻石切割加工产业为主，属于劳动密集型产业。放眼全球，印度很早便加入钻石加工行业并凭借其廉价的劳动力优势占据了全球最重要的培育钻石切割加工环节的市场份额，至2020年，印度就已包揽该行业95%的市场份额，而中国仅占3%左右，因此，中国培育钻石加工产业的发展仍有很大的进步空间。（表5-2）

表5-2 我国培育钻石行业产业链中游代表企业及其优势分析

企业名称	主营业务	优势分析
鄂信钻石新材料	复合钻石工具，合成钻石材料，以及装饰钻石加工生产	研发团队与技术优势：公司聘请国内教授级专家组建自己的装饰钻石加工生产研发团队，并于2004年成立鄂信科研中心，于2011年上升为省级技术企业中心。公司还与美国、俄罗斯的两所大学、国内的四所大学建立了校企合作关系，人才储备丰富。品牌荣誉优势：公司先后获得了中国机床工具工业协会超硬材料分会“先进单位一等奖”“先进单位二等奖”“协会栋梁”等奖项。多年来公司一直担任中国超硬材料协会理事单位、鄂州市金刚石工程协会会长单位。公司自2003年起连续8年被评为“湖北省守合同重信用企业”称号，2005年、2011年被认定为省级、国家级“高新技术企业”

续 表

企业名称	主营业务	优势分析
北京沃尔德金刚石工具	装饰用 CVD 金刚石(培育钻石)等高端超硬工具和超硬材料产品的规模化生产和销售	产品应用优势:在超硬材料领域深耕细作,产品广泛应用于消费电子、汽车制造、工程机械、航空航天、能源设备等行业

(数据来源:观研天下、东莞证券研究所《培育钻石行业深度报告》)

鄂信钻石新材料股份有限公司和北京沃尔德金刚石工具股份有限公司等少数家 A 股上市公司作为我国当前为数不多的培育钻石行业中游企业发展势头迅猛。

鄂信钻石新材料股份有限公司将复合钻石工具、合成钻石材料以及装饰钻石的研发、生产与销售作为主要的业务范围,且拥有完备的研发团队和技术、品牌荣誉等。北京沃尔德金刚石工具股份有限公司则把装饰用 CVD 金刚石(培育钻石)等高端超硬工具和超硬材料产品的规模化生产和销售作为其主营业务,并凭借其足够的产品应用优势占据了国内培育钻石的中游市场。

5.3 培育钻石产业下游:钻石珠宝零售品牌

天然钻石零售行业作为一个发展较为完善产业,有着众多知名品牌,其中头部品牌占全球市场份额的 35%。而培育钻石作为一种新兴产业,拥有着较好的发展前景,众多企业品牌正在发掘其中的机遇,进一步促进了该行业的发展。

从最初的排挤到后来的接受,众多商家已布局培育钻石品牌的零售市场。面对新兴产业培育钻石的冲击,天然钻石零售商为了保持自己品牌的地位而启动推广项目,如 2015 年,De Beers 启动“真实是稀有的、真实是钻石”(Realis Rare, Realis Diamond)推广项目,以抑制培育钻石的发展;而至 2018 年,De Beers 旗下的 Lightbox Jewelry 品牌宣称开展培育钻石的销售。从此往后,De Beers、Swarovski、Signet、Pandora 等传统珠宝商及 Diamond Foundry、Light Mark 等新兴珠宝商都逐步开发自己的培育钻石品牌并对客户的消费习惯与导向进行引导。(图 5-1)

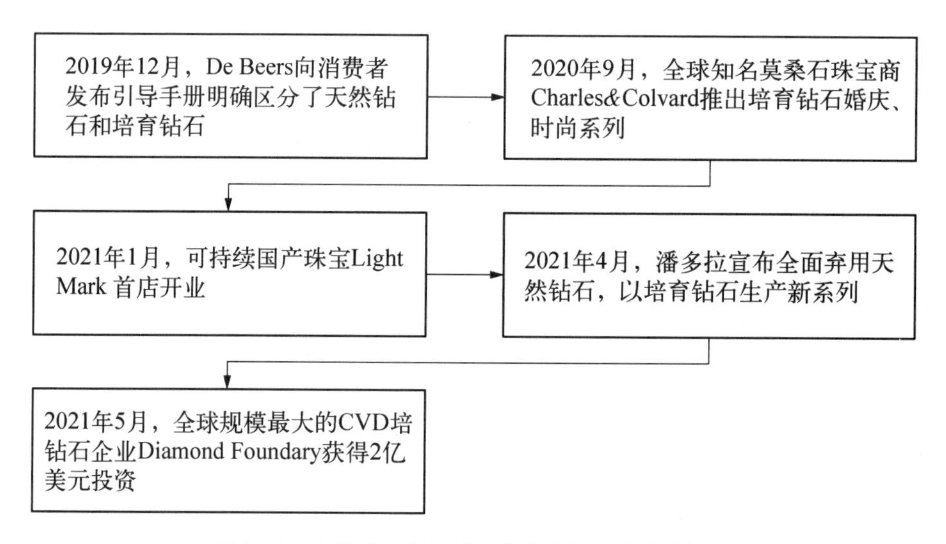

图 5-1 大牌珠宝商相继推出培育钻石品牌事件图

(数据来源:根据力量钻石招股书、国信证券经济研究所整理,http://www.lldia.com)

据贝恩咨询不完全统计,至 2021 年 2 月,共有 92 个培育钻石品牌散布全球各地,主要分为以下四种类型:传统综合珠宝品牌零售商、培育钻石生产商、天然钻石开采商以及新锐培育钻石品牌,新锐品牌中美国有 39 个、中国有 20 个。根据美国品牌的推出时间,最早于 2015 年由培育钻石生产商 Diamond Foundry 推出同名品牌,中国首个培育钻石品牌凯丽希(CARAXY)也于当年问世。

相较于国外市场,对于培育钻石,国内传统珠宝产业持有谨慎态度,唯有豫园股份于 2021 年推出“露璨(LUSANT)”、周大福推出子品牌 CAMA,更多为培育钻石生产商(中南钻石、郑州华晶、上海征世科技、沃尔德)和新锐品牌(如 Light Mark 小白光)入局。(表 5-3)

表5-3　我国培育钻石行业产业链下游代表企业及其优势分析

企业名称	培育珠宝品牌	优　势　分　析
香港珠宝公司康泰盛世	小白光(Light Mark)	生产基础优势：拥有全国顶尖钻石生产工厂。产品线优势：旗下拥有经典1克拉系列、纪念日系列与时尚饰品系列等三大产品线，同时设计偏向于时尚轻松的产品调性，适用于不同销售渠道
广州纯钻贸易有限公司	CARAXY	产业链优势：是国内培育钻石集开发、生产、销售为一体的公司，产业链完善
郑州华晶金刚石股份有限公司	MULTICOLOUR	核心技术优势：公司通过自主创新，围绕超硬材料产业链，依托专业的技术研发团队和完善的科研开发体系，已形成了一系列核心技术并具有知识产权

(数据来源：观研天下、互联网公开资料，东莞证券研究所培育钻石行业深度报告)

纵观全球，美国占据全球最主要的培育钻石零售市场份额且是目前最主要的消费市场，占有80%的市场份额。中国位居第二，是第二大的培育钻石的消费市场，占据10%的市场份额。培育钻石行业产业链的下游主要为零售终端以及相关的配套服务产业。其余国家占有剩余10%的消费市场。

传统钻石珠宝品牌旗下的培育钻石是目前培育钻石下游品牌端的主要部分。全球下游知名品牌商分别有：De Beers(戴比尔斯)、Swarovski(施华洛世奇)、Diamond Foundry(美国硅谷实验室培育钻石品牌)等海外企业。国内下游知名品牌商则以香港珠宝公司康泰盛世、广州纯钻贸易有限公司、郑州华晶金刚石股份有限公司等本土公司为主，其中不乏初具规模的国产品牌如小白光(Light Mark)等。

5.4　培育钻石国际、国内销售渠道分析

5.4.1　销售渠道概述

销售渠道指的是商品或服务从生产者的手中递送到购买该商品或者

是服务的消费者手里所经过的所有中间途径而形成的通道，所谓的中间途径也就是中间商包括零售商等自己设立的一些销售机构等，这些销售机构是生产者与消费者之间的连接。在产品同质化愈发严重的状况下，销售渠道已经成为决定企业市场竞争力的一个最重要的因素，同时也成为大多数企业高速发展的一个难题。随着市场竞争的日趋激烈，市场中的销售渠道已成为企业竞争的焦点，占据了渠道也就拥有了更多的市场和消费者。

钻石产品销售渠道的长度通常指的是钻石产品从生产者那里生产出来最终到消费者手里，这个流程所经过的中间层次的数量，划分为直接销售和间接销售，销售过程中间没有环节则称为直接销售，销售过程中间有环节则称为间接销售，经过的中间环节越多，产品送到消费者或者客户手里的速度就可能越慢。

钻石产品销售渠道的宽度通常指的是各大销售网点在一定时间内全部销售网点的销售数量之和，同时也包含销售网点分配的合理性。企业一般会拓宽销售渠道，即采用多设销售网点的做法。

(1) 设立销售渠道一般采用如下三种模式。一是直接销售渠道，即钻石企业→最终客户；二是多级销售渠道，即钻石企业→批发商→零售商→最终客户(多级销售渠道称为间接销售渠道，中间环节所涉及的节点都称为中间商)；三是多层次销售渠道，即生产钻石企业→钻石销售总代理→钻石批发商→钻石零售商→最终客户、生产钻石企业→钻石批发商→钻石零售商→最终客户、生产钻石企业→钻石批发商→最终客户、生产钻石企业→钻石零售商→最终客户、生产钻石企业→最终客户(多层次消费渠道相比前两者而言较为复杂，可分为五个层次、共 12 个中间环节)。企业选取怎样的消费渠道只是将商品售卖出去的手段，更值得注意的是如何提高企业效益。

(2) 企业在选取销售渠道的时候，需要考虑以下因素。一是产品因素，即产品价格，出厂价和零售价两者的差价范围；产品的物理属性(比如培育钻石和天然钻石的成分相同)；产品含有的技术；产品存在的寿命(钻石产品本身的属性是物理寿命较长，但是其本身的艺术寿命较短)；所售卖的产品对于消费者的重要性，也指产品是否受消费者的欢迎；消费者可以接受新品种、新款式的时间跨度。

二是市场因素，包括市场容量，如果销售渠道的长度和市场容量成反比，如在大城市市场容量大则采用短渠道，反之在小城市市场容量小则可采用长渠道；市场分布多少和客户集中度，即市场分布越少，客户越分散，企业所选择的分销渠道就越宽越长，如在一些相对于比较偏远的地区；竞争者的竞争策略，即知己知彼，百战百胜，采取合理有效的应对方案；市场前景，即市场前景好，则分销渠道长且宽，反之则短而窄。

三是企业本身，包括企业规模，如果销售渠道长度和企业规模成反比，如企业规模大、资金雄厚，则采用短销售渠道，反之，则采用长销售渠道；企业效益，即企业自销的费用通常而言是一个相对来说是固定的数目，而加入分销商进行分销的话，销售费用会随销量的增加而增加，如图5－2所示。

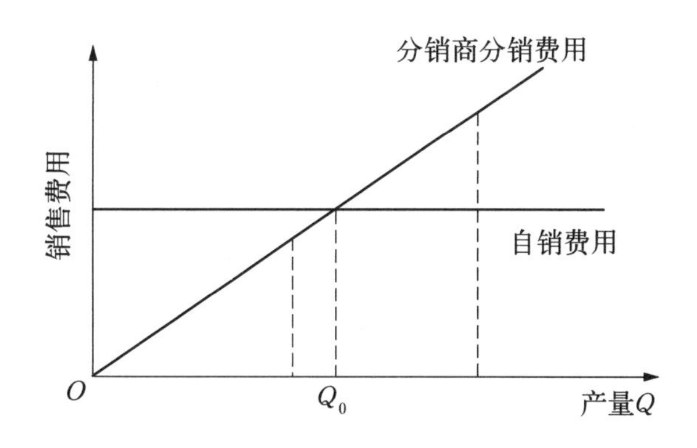

图5－2　分销商分销费用和自销费用之间的关系

(3) 企业在选择与管理的时候，需要考虑以下因素。一是如何选择分销商。企业首先从自己本公司的具体情况出发，确定销售产品的数量、种类等各方面情况，明确构建销售网的目的，以及整个产品市场的情况和消费市场的情况，准确把握相关的变化趋势，最终选择合适的分销商，同时也要让分销商充分地了解企业状况和所售卖的产品，使它们对企业感兴趣且对于完成销售目标充满信心，认为自己能够从中获取应有的利润。简单来说，在选择分销商时，要本着经济效益最好、风险最低的原则。需要了解中间商的信息包括：对方的资质证明(如钻石珠宝销售品牌的创立时间,品牌公司的人事动态状况、经济实力等)；市场占有率、销售人员的素质和销售成本；零售店所在的地理位置(如钻石珠宝销售门店的选址)。

二是如何管理分销商。虽然分销渠道是固定的,但是分销商是可以灵活变通的。只要对分销商进行适当有效的管控,就能保证分销目标的顺利达成。对于分销商的管控主要包括以下内容：选择适当的中间商；编写中间商详细信息；保持沟通,进行及时的结算或清算；定期对中间商进行绩效测评；针对出现的问题采取恰当的方法进行调整。

5.4.2 国内零售渠道分析

(1) 豫园股份：品牌效应扩大使得业务扩张。国内首个尝试培育钻石的头部珠宝制造商豫园股份是复兴集团下成立的一个产业平台,其经营珠宝经验丰富,拥有一众老字号品牌,如大家熟知的老庙黄金、亚一金店等及轻奢珠宝 DJULA 和 SALVINI 等,同时通过参购其他公司的股份及合作、收买并购等方式构建了一条黄金开采、产品设计、珠宝钻石镶嵌的完整产业链。豫园股份的经营时间久远,渠道构建成熟,以直营、批发为主要经营模式。截至 2021 年第三季度,老庙黄金和亚一品牌连锁网点达 3 769 家,其中直营网点 209 家、加盟店 3 560 家。2021 年 8 月,豫园股份推出自有培育钻石品牌“露璨(LUSANT)”,成为国内首个尝试培育钻石的国内知名珠宝集团。

豫园股份自有的培育钻石品牌“LUSANT”已在线上发布销售通道,优先布局终端零售市场,客户群体定位为年轻人与时尚达人,主打绿色生产与个性化定制,产品品类丰富,种类覆盖面广,包含多个细分饰品领域共 63 个最小库存单位,价格区间为 4 000～267 800 元,产品差异化定位非常符合现阶段年轻人对于婚礼庆典与时尚装饰的需求。

2018 年以来,豫园股份坚持采取产业运营战略,促进营收整体增长,其在 2021 年第三季度的营业收入达 322.31 亿元,同比增长 10.87%,归母净利润达 18 亿元,同比增长 13.04%。珠宝时尚业务是公司的核心业务，业绩增长十分稳健，同时对整个公司的利润贡献度也日益提升，2019年、2020年和2021年（第三季度）的营业收入规模分别达204.6亿元、221.7亿元、218.61亿元，占总营收比重分别为47.7%、50.4、67.8%。

2021年第三季度期间豫园股份的费用率明显上升，其中销售费用率同比上升2.20%～6.77%，而管理费用率同比上升2.06%～7.95%，主要原因是公司多元化产业布局速度提升，一些项目例如酒类收购完成致综合费用率显著上升。

(2) 曼卡龙：电商渠道商业布局业绩增长迅速。曼卡龙是一个崭露头角的国际化轻奢品牌，与此同时也是珠宝界内屈指可数的有着优质稀缺珠宝原材料的大型国际珠宝集团，曼卡龙已与全球26个国家的多个国际珠宝机构确立密切联系的合作关系，旗下有“MCLON曼卡龙”“今古传奇”等著名的珠宝品牌，其推崇的产品概念与追求时尚的新一代年轻人很契合，因此深受年轻人的喜爱。

曼卡龙的销售渠道遍布最广的是江浙地区，线上销售与线下销售共同联动发展。线下经营模式以直接销售、集团直接在商场开设的专卖店和经过集团审核的加盟店铺为主，2021年11月起，旗下的培育钻石品牌已经选定杭州市内的两家门店作为初步营销试点，截至2021年11月，线下门店数量达到194家，其中在浙江省设立155家，在江苏省设立29家。线上渠道则以电商平台为主，如天猫、京东、微信商城等，其中天猫旗舰店已开设10年，粉丝数达到19.1万人，京东旗舰店粉丝数达到7 628人，线上销售渠道成果喜人，并且积攒了丰厚流量。

在全球的经济环境面临重新注入活力的大背景下，珠宝需求增长十分强劲，曼卡龙准备借助线上渠道优势明显这一特点，积极发展线上销售渠道继续推广珠宝品牌。2021年第一季度和第三季度，曼卡龙营业收入同比增长50.8%；归母净利润同比增长10.92%。2021年上半年，电商收入超过1亿元，同比增长138.85%，其中唯品会平台同比增长1 531.67%。其间由于曼卡龙的销售渠道结构发生了变化，线上渠道成本大幅度增加，与此同时加盟店数量增加，导致整体毛利率水平摊薄。2021年第三季度，毛利率水平相比较年初下滑5.89%～22.32%，净利率水平相比较年初下滑 0.86%～7.01%。与此同时，由于曼卡龙经营管理日趋成熟，所以费用率也呈现下降的趋势。

5.4.3 国外零售渠道分析

截至 2022 年，全球培育钻石零售市场的发展现状是培育钻石零售市场在全球钻石零售市场占比不到 10%，其中占比最大且增长速度最快的市场是美国。根据《贝恩：2020—2021 年全球钻石行业研究报告》可知，2020 年，全球培育钻石的最大市场是美国，且占比相比于前一年有大幅上升；中国作为第二大市场，尽管中国在全球培育钻石零售端的占比还相对较小，但是占比相对于上一年仍有所增长；印度和其他地区同比基本持平，增长并不明显。

2020 年 9 月，MVEye 公司对美国 1 027 名珠宝消费者以及美国和加拿大共计 138 家珠宝零售商进行了调研，调研表明：了解培育钻石的消费者从 2018 年的 58%上升到 80%，而十年前仅有不到 10%的消费者听说过培育钻石；62%的珠宝零售商表示，有近 50%的顾客专门询问培育钻石，调研数据也显示，美国消费者对于培育钻石的认识程度在不断提高。

2021 年 3 月，De Beers 与 360 Market Reach 共同对 5 000 名美国消费者进行调研，并发布了第 6 期《钻石行业快报》(*Diamond Insight Flash Report*)。该快报显示，超过 50%的消费者了解培育钻石，这一比例相比往年是有所提高的；接近 50%的美国消费者表示会认真考虑是否购买培育钻石，这批消费者认为培育钻石是天然钻石的替代品，与此同时培育钻石还拥有天然钻石没有的特点，比如价格低。作为传统的钻石消费市场之一，欧洲的消费者对于培育钻石的认知度和接受度较高。MVEye 公司于 2021 年 3 月的调研显示，来自法国、意大利、德国、西班牙和英国这五个国家的 1 530 名的消费者中，77%在受访前就知道培育钻石，41%甚至已经购买或收到过培育钻石珠宝首饰，这比美国消费者 32%的数据高出近 10%。显而易见，培育钻石作为珠宝行业的一个分支板块已达到了一定规模。(表 5 - 4)

表 5-4 六大国际培育钻石品牌销售情况表

品　牌	品 牌 介 绍	价　格	最小库存单位
Lightbox	由全球最大钻石制造商 De Beers 推出	约 900～1 400 美元/克拉	耳环、项链、戒指、手链等共 97 个最小库存单位
Diama	由施华洛斯奇集团旗下专注于高端时尚和奢侈珠宝的部门 Atelier Swarovski 推出	约 1 600～3 200 美元/克拉	耳环、项链、戒指、手链等共 48 个最小库存单位
James Allen	由美国最大的钻石珠宝零售商 Signet Jewelers 推出	裸钻约 1 600 美元/克拉	定制化
Grown with Love	由巴菲特旗下集团 Richline 推出	约 1 000～3 500 美元/克拉	耳环、项链、戒指、手链等共 27 个最小库存单位
Diamond Foundry	美国的实验室培育钻石品牌	约 1 500～6 500 美元/克拉	耳环、项链、戒指、手链等共 40 个最小库存单位
Multicolour	郑州华晶金刚石股份有限公司旗下轻奢珠宝品牌	约 1 000～5 000 美元/克拉	耳环、项链、戒指、手链等共 95 个最小库存单位

（数据来源：国盛证券官网，https://www.gszq.com/）

5.5 培育钻石价值链

5.5.1 价值链概述

价值链(value chain)概念最初是由美国哈佛大学商学院的迈克尔·波特(Michael E. Porter)提出，随着经济全球化的到来，国际业务逐渐增多，波特于 1998 年进一步提出了价值体系概念；另一位学者寇伽特(Kogut)也提出了价值链概念，相比波特而言其更加直观地反映了空间再分配与价值链垂直分离两者之间的关系，到了 21 世纪，美国杜克大学格里芬(Gary Gereffi)于 2001 年提出了全球价值链概念，这一概念在网络基

础上分析国际性生产地理和组织特征，展现了全球产业动态特征。（图5-3）

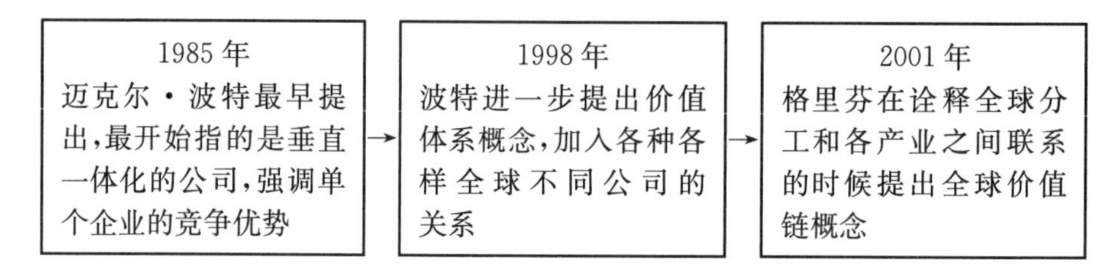

图5-3　价值链概念演进图

5.5.2　国内外培育钻石行业价值链分析

整个钻石行业在20世纪中叶经历了一段蓬勃发展时期，宏观经济的快速发展和各国政治动荡的减少是这种强劲增长的主要原因。以国际钻石龙头企业De Beers为例，De Beers制定并延续了三层整体价值链发展策略：第一层是公司扩大对一般市场的投资，从而打开国际市场；第二层是将目光转移到中国以及印度，从其开始增加市场需求；第三层是将品牌市场取代一般市场，使得价值链下游的钻石珠宝零售商和中游市场的参与者在整体价值链中起到举足轻重的作用。

很长时间以来在全球范围内都没有再发现大规模可采钻石矿储量，钻石行业面临的第一个挑战是原材料短缺，但是现状是，开采的矿石大部分只能被用于工业生产，大概30%还要在开采打磨过程中被浪费掉，剩下的小部分才可以作为钻石的原料，与此同时，各类环保要求加速了开采钻石的成本增加速度，因此在这种内外交困的情况下，钻石珠宝零售商开始认真开拓新的发展道路，将视野从构建开采切割技术部分逐渐聚焦到培育钻石的技术研发以及品牌市场开发上，钻石珠宝零售商根据经营资本以及各种外部环境条件等因素采取恰当的行动去对抗风险，比如与生产商或者是中游企业签订合同。第二个挑战是国际市场信贷收缩，这对于产业链中游的企业而言，无异于是面临资金周转短缺风险，因为为这些企业提供融资服务的只有为数不多的几家金融机构，也被称为“钻石银行”，融资服务的资金主要是用于购买设备、购买钻石原料以及企业运营中的应收账款等。整个钻石市场计划采取根据时期长短转变行业运营模式以及融资方式的方案以应付这一挑战，从而达到一种新的均衡。从短期考虑，下游和上游的企业应该扶持中游企业以确保其度过这一时期；从中期考虑，企业偏向于使用更加可靠安全的信贷产品，比如传统的贸易融资；从长期考虑，钻石行业的情况相对乐观，可以开发更可靠的融资服务。

企业创造价值的整个过程可以分解成一系列互通有无但又互不相关的经济活动，而这种经济活动可称为“增值活动”，一个个经济活动仿佛是一个个节点组成的企业的“价值链”，而每一个生产不同产品的企业则是创造价值的集合体，价值链实际上反映了企业的经营活动、战略等。

培育钻石上游企业的发展时机已经到来，上游产业链包含了生产设备、原材料、技术以及培育钻石毛坯钻的生产制造，中国是培育钻石毛坯钻生产第一大国，已经掌握了大颗粒高质量培育钻石毛坯钻的合成技术，国外培育钻石的需求不断增加为我国上游企业带来了发展好时机。培育钻石产业链的中游主要为切磨加工行业，2021 年印度的培育钻石不论是进口还是出口都具有强劲的增长动力，根据目前情况来看，印度已经成为全世界培育钻石的切磨中心，培育钻石产业链下游为培育钻石成品首饰的终端零售和营销推广，美国占据全球培育钻石零售市场的大部分，各培育钻石品牌在美国都设有门店，下游市场需求激增折射出中游市场需求相应增加，相比而言我国消费者对于培育钻石的了解程度还处于较低水平，目前各大培育钻石下设的门店数量较低，因此消费者对于培育钻石的认知还有待提升。

我国培育钻石的产能主要集中在河南省。我国在河南省郑州市、南阳市等地形成了一个集人造金刚石产品研发、大规模生产和销售于一体的金刚石产业集群。该省的培育钻石产业链完整、配套齐全，具有明显的地域优势。我国培育钻石企业早期主要从事人造金刚石生产，用于建材石材、勘探采掘、机械加工等领域的锯、切、磨、钻等加工所需的耗材。长期来看，人造金刚石具备热、光、电、声等性能优势，有望在军工、半导体等高端领域开拓新的应用，未来随着培育钻石行业的快速发展，这些企业均将受益。

5.6　金刚石材料端：国内外主要企业

5.6.1　郑州华晶金刚石股份有限公司

郑州华晶金刚石股份有限公司（简称郑州华晶）成立于2004年12月，其拥有人造金刚石合成技术以及相关产品的制造核心技术和自主知识产权，利用行业领先的技术和优势形成的系列产品主要包括人造金刚石单晶（含金刚石普通单晶、大单晶金刚石）及相关原料、培育钻石饰品、微米钻石线、超硬磨具（砂轮）等，这些产品可以运用于一些传统领域，如制造电子设备等，同时也可以运用于一些新兴应用领域，如航空航天、珠宝制造等。随着超硬材料的声、光、电、热等性能的开发与应用，金刚石产业链产品不断地更新迭代并开展新兴领域的市场拓展，郑州华晶仍具有较大的成长空间。郑州华晶持续加大对原有产品的生产供应，持续强化产品在传统工业领域的优势。郑州华晶还加强对金刚石等新材料产品应用的研究，加深产学研合作，挖掘新材料应用潜能，并拥有符合国家标准的检测中心以及相关专业博士后站点。

郑州华晶高度重视大单晶金刚石产品应用场景的扩展，随着消费者观念的逐步转变及收入的增加，珠宝行业终端消费迎来新机遇，公司利用技术、管理和产品质量等优势，统筹协调事业部和控股公司积极拓展消费终端布局。公司强化品牌战略、注重渠道，组建了专门的销售公司，并在上海、深圳等地主导成立子公司直接与终端消费者对接。郑州华晶还与知名珠宝设计师杜半签订合作合同，通过整合国内外资源来宣传推广郑州华晶旗下的全新珠宝品牌“Brisa&Relucir”（简称“B&R”），展现B&R品牌全新的时尚钻饰设计理念，加速培育钻石的推广。郑州华晶聚焦轻奢时尚，通过产业链优势，多品牌、强品牌战略，产品、市场和营销等系统塑造钻石文化和品牌传播抢占市场，制定迎合不同目标市场的差异化市场发展战略，充分挖掘大单晶产品的内在价值，为实现珠宝品牌及市场拓展做好规划与布局，如旗下品牌“慕蒂卡”珠宝体验中心在郑州高新企业加速器产业园开业；加快与下游客户在产品加工制造、市场推广等方面进行合作，共同拓展消费市场。

5.6.2　河南四方达超硬材料股份有限公司

河南四方达超硬材料股份有限公司（简称四方达）成立于1997年，是中国聚晶金刚石行业首批上市公司之一。四方达主营业务是研发、生产和销售质量在行业处于领先水平的聚晶金刚石及其相关产品，同时其也是国内屈指一数的复合超硬材料生产商，可以大批量生产及销售超大直径切削用聚晶金刚石复合片；具体产品包含聚晶金刚石复合片、拉丝磨具、超硬刀具等，其中聚晶金刚石复合片可用于探测地下资源，例如石油、天然气、煤矿等，这些产品广泛应用于汽车零部件、装备制造等先进制造领域。四方达产品规格齐全、规模优势明显，远销海外40多个国家和地区，有较高的国际知名度。

四方达的目标是成为超硬材料行业的国际龙头企业，经过多年的不断深入探究，现在目前已经形成了非常完整的产品体系，即以聚晶金刚石超硬材料为核心，以相关产品生产为辅。随着培育钻石市场需求旺盛以及许多制造人工金刚石技术的发展，四方达收购了拥有快速切入CVD金刚石技术的天璇半导体公司，以稳定其在超硬材料行业的地位。天璇半导体公司的快速切入CVD金刚石技术已经得到了相关部门的检验，满足量产要求，因此目前已经投入量产，根据目前已收集到的信息可知，该公司将成为快速切入CVD金刚石产能最大的企业，先发优势明显。

5.6.3　河南黄河旋风股份有限公司

河南黄河旋风股份有限公司（简称黄河旋风）是国内培育钻石、工业金刚石及制品全产业链布局的龙头企业之一，也是国内制造超硬材料品类最齐全、规模最大的供应商之一，拥有产品的核心技术以及自主知识产权，一些产品的生产指标已经达到了国际领先水平，具体产品主要有碳系新材料（超硬材料及制品、超硬复合材料及制品、首饰用钻石、金刚石线锯、金刚石微粉、石墨烯）、合金粉、3D打印金属耗材及制件等，其产品畅销发达国家市场及东南亚市场，是超硬材料及智能制造的龙头企业。与此同时企业深度融合产学研，拥有相关专业博士后站点以及相关技术的省部级、国家级研究中心。

黄河旋风所生产的超硬材料单晶是超硬材料产业链的基础性产品，该产品是超硬材料下游企业——金刚石相关的切割工具销售商发展的核心所在。与此同时，黄河旋风的培育钻石产品经过多年的深入研究，实现了高品质无色或彩色培育钻石的合成技术研发，生产出来的培育钻石克拉数范围跨度大，同时颜色等级复合国际领先标准，90%以上的培育钻石检验等级已经达到了相关部门所制定的最高划分等级，产品色彩优势明显、质量稳定，定位于中高端客户群体，具有较高的市场认可度。

5.6.4 中兵红箭股份有限公司

中兵红箭股份有限公司（简称中兵红箭）相对较为特殊，其产品定位为军民两用，拥有一个国家级企业技术中心、四个省级企业技术中心，专业从事特种装备、超硬材料、专用汽车及汽车零部件的研究与开发。

中南钻石是中兵红箭股份有限公司旗下的全资公司，主营业务是研发和生产超硬材料，其规模达到了全球第一，其生产的超硬材料主要应用于传统工业领域、金刚石功能化应用等领域，其核心竞争优势在于：一是中南钻石作为最大的人造金刚石制造商、国内超硬材料行业的领军企业在整个超硬材料产业链当中占据举足轻重的作用，因此具有非常明显的规模优势和成本优势，从而逐渐扩大超硬复合材料的研发、生产和销售部分的研究；二是技术远远领先于国内平均水平，拥有原料设备、零部件制造、设备设计等自主研发优势，是行业内具有最完整研发能力的企业，企业始终将工艺进步和技术创新结合在一起作为持续发展的内在动力，结合目前大环境的发展趋势，扩大对研发投入的资金投入并加速转型升级的步伐，许多研发项目取得了突破性的进展与成果；三是企业主营产品在行业内经过多年的辛苦耕耘，赢得了消费者的口碑，从而积攒了大批量的客户群体；四是企业的管理团队经验丰富，多年来一直保持相对稳定；五是价值链体系化管理已经覆盖到了产品研发、生产、销售、售后等各个环节,有利于提升管理水平、质量水平及成本控制水平。

5.6.5 广东新劲刚科技股份有限公司

广东新劲刚科技股份有限公司(简称新劲刚)成立于1998年12月,公司总部位于佛山,主要生产金属基超硬材料制品以及相关的配套产品,其产品主要应用于建筑加工等领域,其中金属基超硬材料制品及配套产品包括金刚石工具用超细预合金粉、滚刀、磨边轮、金刚石磨块、弹性磨块以及碳化硅磨块等产品系列,属于切割、磨削和抛光加工工具。早在2018年新劲刚便开始探索新的转型方向以抵御和防范风险,采取稳中推进传统业务,降低对超硬材料制造方面投入比例的管理措施。到2020年,进一步集中资源和精力聚焦于前景更广阔、营利能力更强的军工等业务发展以实现股东利益最大化的目标,公司已经将金属基超硬材料制品业务卖空,从2021年开始,转型、布局发展特殊材料方面,生产的产品主要应用于生产电子、应用材料领域,其战略目标是打造在特殊应用领域具有卓越影响力的产业集团。

5.7 钻石饰品端:国内外主要企业

5.7.1 国内主要企业

(1) 中兵红箭:军品+民品双轮驱动,培育钻石大放异彩。公司以特种装备、超硬材料、专用车及汽车零部件三大部分为主要业务,中南钻石作为公司的全资子公司主要负责超硬材料业务,主要产品有人造金刚石和立方氮化硼单晶及聚晶系列产品、复合材料、培育钻石、高纯石墨及制品等。

中南钻石的HPHT技术具有领先优势,CVD技术也达到了国际主流水平。大颗粒单晶研发和生产的技术优势都是中南公司的重要优势,已掌握"20～50克拉培育金刚石单晶"合成技术,可实现20～30克拉培育钻石的批量化稳定生产,目前以2～10克拉产品为主。

超硬材料业务助力业绩快速增长。2021 年第一季度到第三季度，中南钻石实现营业收入 48.48 亿元，同比增长 24.28%；净利润 6.07 亿元，同比增长 84.18%。2021 年上半年，公司实现营业收入 28.82 亿元，同比增长 24.28%，其中超硬材料业务实现营收 13.56 亿元，同比增长 65%，占总收入的 47%，较 2020 年同期提升 11.7%。

毛利及净利改善明显，其间费用控制良好。2021 年第一季度到第三季度，毛利率同比增长 3.13%；净利率 12.51%，总体提高 4.07%。其中 2017—2019 年的费用率稳定且略降并保持在 13%左右，2020 年下降至 11.47%，2021 年第一季度到第三季度进一步下降至 10.30%，较 2020 年同期降低 2.38%，其中管理费用率为 6.13%，较 2020 年同期降低 1.07%。

(2) 黄河旋风：超硬材料龙头，培育钻石业务增长势头强劲。作为国内规模名列前茅的黄河旋风有着培育钻石完整的产业链和丰富的品类，其主要产品有着各种规格的金刚石(如工业级金刚石、培育钻石)、金属粉末、超硬复合材料(复合片)、超硬刀具、金刚石线锯。黄河旋风公司于 2020 年生产的培育钻石总量高达全球销售市场的 20%，且高端品质占据了半成以上。

2018—2020 年，黄河旋风收入由 31.66 亿元下降至 24.51 亿元，其中 2020 年受疫情影响较大，收入下滑 15.90%；2021 年第一季度到第三季度，黄河旋风实现收入 18.97 亿元，同比微降 0.70%。

(3) 力量钻石：培育钻石新星，业绩高速增长。力量钻石把金刚石单晶、金刚石微粉和培育钻石作为其主要产品。2018—2020 年，公司培育钻石的营业收入由 1 303 万元增长至 3 734 万元，对应年均复合增长率为 69.3%，2021 年上半年，营业收入规模进一步扩大至 8 898 万元，占比提升至 41%，成为公司第一大收入来源。

培育钻石业务拉动业绩高增长。2017—2019 年，公司营收年均复合增长率为 24.97%；2020 年营业收入 2.45 亿元，同比增长 11%。2021 年，第一季度到第三季度的营业收入高达 3.44 亿元，同比增长 106.89%，实现归母净利 1.61 亿元，同比增长 271.21%。

2021年第一季度至第三季度毛利率为63.05%，同比增长22.73%，主要系高毛利的培育钻石业务高速增长及占比提升。另外，管理费控制良好，稳定在10%左右，净利率达46.81%，同比增长20.72%。

(4) 沃尔德：超硬刀具领跑者，培育钻石取得突破。沃尔德在培育钻石方面硕果累累，其作为超硬刀具的领跑者，以超高精密刀具、高精密刀具、超硬复合材料作为公司的主营产品。现今公司已成功培育出白钻、粉钻和黑钻(黑钻以平面钻石为主)，可稳定生产4～5克拉的单晶钻石毛坯(切割后的裸钻为1～1.5克拉)，可基本稳定生产10～11克拉左右的钻石毛坯(切割后的裸钻为3～4.5克拉)，产品良率高达80%以上。ANNDIA作为沃尔德公司打造的新品牌，已在线下带给消费者良好体验并结合线上与线下双向销售。

2018—2020年，营业收入由2.62亿元下降至2.42亿元，对应年均复合增长率为−3.97%。2021年第一季度到第三季度，实现营业收入2.33亿元，同比增长36.65%；净利润4 961万元，同比增长20.05%，主要系下游消费电子显示和汽车工业行业需求旺盛，公司加大市场开拓力度，订单量增加。

公司维持着较高的毛利率，且整体维持稳定的态势。2016—2018年毛利率维持在51%左右，2019—2020年毛利率略有下滑，在48%左右，2021年第一季度到第三季度毛利率恢复至50.43%，同比增长3.06%。

2021年第一季度到第三季度管理费用率为14.89%，同比增长4.47%。净利率达21.32%，同比下降2.95%。

(5) 国机精工：六面顶压机供应商，营利能力大幅改善。国机精工是六面顶压机设备生产商，公司形成了轴承、磨料磨具、贸易及工程服务三大业务板块，其中轴承及磨料磨具业务是主要利润来源。2021年上半年轴承业务实现营业收入4.74亿元，占比28.43%，毛利率为35.60%；磨料磨具业务实现营业收入4.31亿元，占比25.84%，毛利率为36.59%。六面顶压机作为公司的主要供应产品对于培育钻石的生产成效显著，2021年上半年的销售收入高达1亿多元，同时凭借MPCVD工艺技术生产培育钻石，销售收入达1 000多万元。

2020年以来，其净利润大幅提升。2017年资产重组后，营业收入由2017年的14.94亿元增长至2020年的23.55亿元，2017—2020年，营业收入年均复合增长率为16.38%，2021年第一季度到第三季度，实现营业收入25.20亿元，同比增长56.67%；2020年，实现净利润6 227万元，同比增长126.35%，实现净利润1.74亿元，同比增长216.48%。

2017—2019年，净利率稳定在1%左右；2020年，净利率提升至2.64%；2021年第一季度到第三季度，净利率进一步提升至6.91%，主要系下游国防军工、芯片加工行业景气度回升。

5.7.2 国外主要企业

（1）Element Six：全球超硬材料制造行业的佼佼者。隶属于De Beers集团，在全球拥有多个生产基地，拥有将近2 000名员工。1959—2019年，不断地致力于培育钻石技术攻关，如首次使用HPHT技术合成人造金刚石、首次使用CDV技术合成金刚石薄膜并用于尖端量子的“暗冰”技术。

2019年的净利润为1 227万美元。2020年1月，位于俄勒冈州的CVD工厂开始投入生产，其产值在2020年底达到2 400万美元，公司的业务主要由技术和磨料两部分组成。

Element Six应用CVD技术生产高纯度的人造金刚石，并且在此基础上开拓极端特性的潜在应用，包括半导体、电力传输等，同时设立了一个风险投资部门投资一些项目，从而寻求人造金刚石的新技术。

公司的磨料业务主要致力于天然气、石油、合成人造金刚石以及高温烧结的硬质合金，磨料部门的产品用于多个重点行业并且在推动行业发展方面发挥积极作用。

Eelment Six的母公司De Beers曾推出培育钻石品牌Lightbox Jewelry，该品牌的供货方为Eelment Six。

（2）Diama：时尚珠宝品牌施华洛世奇（Swarovski）旗下的培育钻石品牌。Diama成立于2016年5月，其特点在于Diama品牌内所有的珠宝都是由施华洛世奇所生产的培育钻石制成的，Diama锁定的目标客户群体主要为高端时尚商务人士，所以2018年被母公司迁至奢侈品部门——Atelier Swarovski，Diama所生产的珠宝采用目前市面上最广泛的色彩搭配，其拥有16种不同的培育钻石，并且每一种都设计新颖，材质轻盈，深受消费者的喜爱，根据2018年MVI Marking针对美国市场调研数据显示，美国消费者对施华洛世奇旗下的培育钻石品牌Diama认知度最高，占比达到26%。

(3) Lightbox：戴比尔斯(De Beers)旗下培育钻石品牌。Lightbox是由De Beers成立的一家培育钻石品牌，供货商为前面所提到的Element Six，其培育钻石采用CVD技术，品牌最大的特点是主打低价策略，并且实行统一定价，没有彩钻和无色钻石的区别，都是按照克拉数呈线性定价，并且其大力投资制造工厂从而扩大培育钻石的产能，新的制造工厂一旦正式投入使用，生产能力将提高大概10倍，预计每年可生产20万克拉的培育钻石。

(4) Pure Grown Diamonds：全球第一家进行实验室培育钻石的公司。Pure Grown Diamonds是一家美国培育钻石公司，所制成的培育钻石相关产品热销全美，销售额总量最高，主营业务是培育钻石的生产与销售，其在2014年曾培育出一颗3.04克拉、I色、SI1净度的钻石，被国际宝石学院认定为当时最大的纯净培育钻石。

(5) Diamond Foundry：行业内第一家生产过程达到碳中和公司。获得好莱坞众多娱乐界知名人士的投资，其技术主要是通过软件仿真设计了一款离子体反应器从而开始了培育钻石的生产，这是对CVD技术的一种拓展。2015—2019年，获美国25家最佳创业公司之一、行业50大颠覆者之一等荣誉。Diamond Foundry于2020年使用单晶金刚石晶圆开发出双晶圆产品，使得Si、SiC、GaN半导体拥有金刚石的导热性能。

(6) WD Lab Grown Diamonds：首家获得可持续钻石临时认证标准的公司。使用CVD技术生产培育钻石，主要应用于珠宝制作、半导体材料运用、高压强研究等领域，该技术由卡内基科学研究所开发并单独授权使用，其培育了一颗9.04克拉的全世界最大的CVD培育钻石，并且获得了极具权威性的“Silver Stevie Award”，为了加强技术攻坚和专利申请能力，2021 年收购了一家培育钻石公司。

（7）ALTR Created Diamonds：其培育钻石的等级与天然钻石的标准分级相同并获得权威宝石鉴定与保证实验室（GCAL）的认证。ALTR Created Diamonds 是 RARiam Group 旗下的一家总部位于纽约的培育钻石公司，母公司经营涉及天然钻石和制造培育钻石两个领域。ALTR 拥有多项钻石切割专利，主要生产 IIa 型培育钻石，并且生产的培育钻石远销全球 35 个国家和地区，深受消费者的喜爱。2020 年，ALTR 用一件 35 克拉的项链荣获“Instore Design Awards”一等奖，被称为有史以来第一件培育钻石制成的高支撑珠宝。

6

全球新冠肺炎疫情及碳中和趋势对培育钻石行业的影响

6.1 国际贸易关系、环境保护等相关政策

6.1.1 国际贸易关系

培育钻石是钻石消费体系里的新兴产业，全球培育钻石产业仍处于起步阶段。实验室培育钻石是钻石消费体系里的新兴选择，钻石市场的扩大有赖于生产技术的不断更新和消费市场的推动。目前，培育钻石的国际贸易关系良好，尽管培育钻石的培育技术距今时间较短，仍有较多不完善的地方，但天然钻石供应量的急剧下降，给了培育钻石“可乘之机”。所以，建立一个获得民众信赖、法律承认的标准化培育钻石行业已是大势所趋。

表 6－1 中所列的里程碑事件，有利于提高消费者对培育钻石的认知度和接受程度，同时也可以引导行业规范化发展。

表 6－1 培育钻石行业贸易里程碑事件

事件	时间	具体内容
培育钻石行业组织和技术规范	2018 年 7 月	美国联邦贸易委员会（FTC）对钻石的定义进行了调整，将实验室培育钻石纳入钻石大类
	2019 年 2 月	欧亚经济联盟推出培育钻石 HS 编码

续 表

事件	时间	具体内容
培育钻石行业组织和技术规范	2019年3月	比利时钻石高阶层会议(HRD)针对培育钻石采用了天然钻石的分级体系
	2019年3月	美国宝石学院(GIA)更新实验室培育钻石证书的术语
	2019年3月	培育钻石展团初次亮相香港珠宝展
	2019年7月	印度推出毛坯培育钻石HS编码
	2019年7月	中国宝石协会成立培育钻石分会
	2019年10月	中央电视台报道实验室“种”出钻石新闻引发全国关注
	2019年11月	培育钻石展团参加北京国际珠宝展
	2019年11月	世界珠宝联合会(CIBJO)创立培育钻石委员会
	2019年11月	欧盟通过新的海关编码区分天然钻石和培育钻石
	2019年12月	国家珠宝玉石质量监督检验管理中心(NGTC)《合成钻石鉴定与分级》企业标准发布实施
市场动向	2017年5月	施华洛世奇(Swarovski)旗下培育钻石品牌Diama在北美地区正式开售
	2018年5月	戴比尔斯(De Beers)宣布推出培育钻石饰品品牌Lightbox
	2019年5月	美国最大珠宝零售商Signet开始在线上销售培育钻石品牌
	2019年11月	美国第一个在线培育钻石交易平台Lab-Grown Diamond Exchange(LGDEX)在纽约成立
	2019年11月	Rosy Blue宣布开辟独立的培育钻石业务线
	2019年12月	De Beers向客户发布引导手册明确区分天然钻石和培育钻石

(数据来源：国信证券研究所《媲美天然钻石，中国迎来培育钻石产业崛起》，https://max.book118.com/html/2021/0924/7045131043004011.shtm)

6.1.2 培育钻石相关政策

(1) 国内方面：很多权威机构都明确了培育钻石的概念，为行业的规范发展提供了良性指导。2019 年国家珠宝玉石质量监督检验中心(NGTC)发布企业标准 Q/NGTC - J - SZ - 0001—2019《合成钻石鉴定与分级》。

2020 年 12 月 30 日，发布 2020 版企业标准代替 2019 版，并于 2021 年 2 月 1 日正式实施。最新标准中，培育钻石的中文名称为“合成钻石”或“实验室培育的钻石”，对应的英文名称为“人造钻石”和“synthetic diamond”和“laboratory-grown diamond”，并取消分类，改为品质质量评价。

2020 年版企业标准中合成钻石的品质质量评价与自然的稀有性没有相关性。虽然参照 GB/T 16554—2017《钻石分级》执行，但不再使用“分级”一词，而是强调其作为“产品”(品质评价)的属性，使其与天然钻石有明显区别。

(2) 国际方面：国际标准化组织和许多重要组织逐渐重视在实验室培育钻石。2015 年，国际标准化组织(ISO)颁布《珠宝首饰—钻石业消费信心》标准，明确合成钻石(synthetic diamond)和培育钻石(laboratory-grown diamond)是同义名称；

2018 年，美国联邦贸易委员会(FTC)修改了钻石的定义，取消了天然的限制；

2019 年 3 月底，国际宝石学会(IGI)宣布在其最新证书中使用“实验室培育钻石”一词代替“人造合成钻石”；

2020 年 8 月，美国宝石学院(GIA)推出了全新的数字实验室有关培育钻石的分级报告；

2020 年 10 月，世界珠宝联盟(CIBJO)颁布《实验室培育钻石指引》，旨在保证消费者对钻石行业的信心，并且指出了实验室产出的培育钻石不适合分级，检测证书应与天然钻石不同①。

---

① 王萧：《2020 年版实验室培育钻石企业标准有何不同》，《中国黄金珠宝》2021 年第 4 期。

6.1.3 培育钻石市场环境

改革开放以来，我国经济迅猛发展，日益增长的GDP也使得人们的生活水平显著提高，国民购买力和消费意愿也日益增加，由1990年的3 608.58亿元增长到2021年的177 271.82亿元，增长49倍。居民存款也高速增长，从1990年的人均居民储蓄存款615.40元增长到2021年的人均储蓄存款7.31万元，存款总额也从1990年的92.09万亿元增长到2021年的227.21万亿。人们的收入增加，对应的是奢侈品消费市场的繁荣和发展。2021年，我国奢侈品消费市场达到4 710亿元，其中钻石作为人们最受欢迎的奢侈品之一，在婚姻恋爱消费中占据重要地位，钻石市场的大量消费为我国培育钻石市场的发展提供了良好的基础。

2002年，上海黄金交易所正式成立，为黄金、白银、铂等贵重金属的交易提供完全公平公正的交易平台；同年10月，上海钻石交易所正式成立，为国内外钻石提供一个安全、健康、平等互助的交易机构[①]。在进出口方面，2001年12月，我国总体海关税收水平为15.3%，到2021年海关税收水平已下降至7.4%。相关税率的大幅下降，消费税率的进一步调整，促进了钻石行业的蓬勃发展。

为规范珠宝市场的发展，制定、实施了一系列国家标准，如《珠宝玉石 名称(GB/T 16552—2017)》《珠宝玉石 鉴定(GB/T 16553—2017)》《钻石分级(GB/T 16554—2017)》等。除此之外，各省市也根据自身不同的情况制定了符合自身发展的规则，这一行为不仅为我国培育钻石市场的规范打下了良好的基础，同时也促进了我们与国际珠宝钻石市场接轨[②]。同时，中国珠宝玉石首饰的行业协会也开展相关市场调研工作，帮助企业反应诉求，推动完善珠宝和贵金属的进出口政策，并建立和完善行业自律政策和规章制度，促进各方自律行为，探索行业自律经验。

我国珠宝产业环保政策的推行也促进了培育钻石的发展。相比天然

---

① 张伟超、王昕晨：《连续六年成为世界第一大黄金消费国——中国黄金珠宝业的发展历程》，《中国黄金报》2019年9月27日。

② 《我国珠宝首饰行业发展现状与前景》，《中国贵金属》2005年第12期。

钻石开采，培育钻石更加安全环保，其在环境保护、降低成本等方面均具有较大优势。科技的发展也使得培育更具备发展前景，其不仅在钻石市场替代了部分天然钻石的份额，也在市场上引领时代潮流，未来具备广阔的市场空间。

6.1.4　碳中和进程对天然钻石与培育钻石行业的影响

20 世纪以来，全球气候治理对各国的政治、经济、科技等方面产生了深远的影响，环保问题成为世界各国关心的重要问题，环保经济的发展已深入人心。

第三次《气候变化国家评估报告》指出，21 世纪以来，我国平均每年由于气候变化造成的直接经济损失占 GDP 的 1.07%，远高于全球平均水平(0.14%)。经济快速发展和城市化进程导致中国成为世界上最大的碳排放国。尽管在 2013 年至 2016 年，中国的二氧化碳排放量呈负增长，但此后排放量的反弹表明，长期减排仍然是中国和世界面临的重要挑战。全球气候变化将成为未来数十年人类社会存续发展不得不面临的巨大挑战。近年来，世界环境灾害频发：2022 年高达 50℃～60℃的高温席卷全球，加拿大北极圈往年平均气温十几摄氏度的地区也出现了五六十摄氏度的高温，许多人因高温热射病失去生命；2021 年 7 月，北欧出现百年不遇的特大暴雨，并由此带来交通、通信、供电等一系列问题；2020 年，澳洲森林大火燃烧将近四个月，上亿只动物死亡，造成了巨大的经济损失，且产生了巨量的二氧化碳；东非蝗虫泛滥，导致全球粮食危机。2019 年年末，新冠肺炎病毒在全球爆发，夺走了无数人的生命，给世界经济带来重创。这些自然灾害与气候变化都有着不可分割的关系。

2021 年，《中国气候变化蓝皮书(2021)》表明，我国受全球天气变化的影响因素很强，温度温差的变化明显远高于同期全球平均水平①。五十多年来，我国平均气温提高显著，降水量总体也呈增加趋势，极端气候发生概率显著提高，气候风险指数比 20 世纪末增加了 50%以上。

---

①　姜永斌：《极端天气频发背后》，《中国纪检监察报》2021 年 8 月 18 日。

随着2015年巴黎气候会议的召开，以及我国这些年提出的双碳目标——2030年实现碳达峰、2060年实现碳中和，我们要尽力减少二氧化碳的排放，要致力于将未来全球气温变暖的温度控制在2℃以内，并形成资金和技术转让方面的目标。196个国家和地区签署了温控协议，包括美国、加拿大、奥地利、智利、中国、丹麦、法国、德国等在内的多个国家的政府在国家战略层面强化减碳目标。我国把“碳中和”作为国家战略层面的方针，提高能源利用效率，积极开发清洁能源，促进节能减排，具有重要的里程碑意义。

2021年10月27日，我国国务院发布“碳达峰十大行动”，将循环经济助力降碳行动作为重要行动之一。在技术变革赋能绿色创新的碳循环经济模式下，越来越多的业内人士认为培育钻石行业作为绿色环保、固碳减排的新兴产业，势必成为顺应“碳中和”趋势、即将迎来快速成长红利期的绿色产业之一。

环境保护已深入人心，消费者越来越重视自身的社会责任，在消费方面更注重所购买商品的环保属性。而人工培育钻石恰好符合环保的价值属性和社会需求，为消费者提供无冲突的、对社会负责的珠宝选择。

在可持续发展的理念中一个有趣的悖论使得培育钻石受益。一般来说，越是环保的产品，其价格就较高，可能是因为环保需要花费更多的努力和金钱。比尔·盖茨将这一悖论称之为“绿色溢价”，这样会导致消费者更多地购买环保产品。而培育钻石相对天然钻石来说价格便宜，这使得它有着很大的优势——有市场又有价格，使得消费者可以以购买天然钻石的零头价格购买更多更大的培育钻石，何乐而不为呢？

世界领先的人造钻石生产商，如Diamond Foundry和上海征世科技有限公司，这些企业都秉承可持续创新的产品精神，旨在以人工培育创造出美丽的钻石首饰，避免开采天然钻石过程中的各类环境污染问题。实验证明，培育钻石相对于天然钻石，其不仅不会污染环境，而且不损害自然资源，有助于解决碳排放问题。培育钻石实验室固碳过程可以帮助实现碳中和，如 Diamond Foundry 的碳中和认证（图 6－1），这已逐渐成为一种企业文化，是一种有关环境保护意识的努力，越来越多的培育钻石企业开始将其作为企业愿景和企业文化。

图 6－1　培育钻石产品的碳中和证书

（资料来源：Diamond Foundry 官方网站，http://www.diamondfoundry.com/）

然而，天然钻石与人工培育钻石的环保之争从未停止。由天然钻石和实验室培育钻石两个竞争阵营的环保之争演变而来的生产者和支持者之间的营销战正在加剧，这正表明实验室培育钻石的崛起是不可避免的。最近相关的争论点在于命名、定价、透明度和企业社会责任等问题的探讨，行业杂志 *Jewellery Business* 于 2019 年 2 月发表的文章中综合了这些问题和研究结果，以检查实验室培育钻石生产商的环境和道德实践是否与研究数据一致。领先的实验室培育钻石生产商营销培育钻石，主打它们是无冲突且环保的。在这个过程中，天然钻石经常被妖魔化，而天然钻石行业的反击是——天然钻石带来了社会效益，并且更具有内在价值的事实。

但是，事实证明进行数据对比是非常困难的：天然钻石和培育钻石的类别多种多样，生产地点也不尽相同，而这都将会对其环境的测评产生不同的影响，同时也存在信息不对称的问题。无论数据是否完全准确，钻石开采行业都会受到监管，通常是引入第三方机构来监测其对环境和社会的影响，而培育钻石生产商多为私有企业，没有义务去公开或披露相关信息，几乎不受监管。

但毋庸置疑，与天然钻石矿业公司相比，培育钻石生产公司对环境造成的威胁较小，因为其使用的淡水资源更少，排放的温室气体也更少，同时不会对土地造成破坏，但其对经济和社会的贡献不能直接与天然钻石开采公司相较，同时其透明度问题仍然亟待解决；而采矿业对全球经济增长、国内生产总值、基础设施建设和增加就业机会作出了重要贡献。

6.2 新冠肺炎疫情对钻石饰品行业的影响

新冠肺炎疫情的爆发对全球的各大经济体的各行各业都造成了不同程度的冲击，但与此同时，他们也迎来了一些特殊的“机遇”，那么疫情引起的对钻石饰品行业的影响具体如何呢？接下来我们从供应端和需求端两方面来观察与研究。

6.2.1 对钻石饰品行业供应端的影响

在新冠肺炎疫情的影响下，培育钻石行业的供应端发生了一系列问题，如物流的停滞、各国不得不关闭企业的生产与销售部门，这对钻石供应链环节产生了巨大的影响。

从数据上看，毛坯钻石的矿石开采和销售的数量明显减少。根据金伯利进程（KP）公布的数据，2020 年钻石开采总价值下滑 32%，至 92.4 亿美元；产量下降 23%，至 1.071 亿克拉，每克拉均价下降 12%，至 86 美元。

这样的变化，给培育钻石发展带来了新的机会。业内人士认为，培育钻石是少数受疫情影响较小的“免疫型”市场。据贝恩咨询、中金公司研究部数据，2020 年全球培育钻石产量为 700 万克拉，同比增长 17%。

6.2.2 对钻石饰品行业需求端的影响

2020 年，在疫情的持续冲击下，黄金珠宝市场线下通道遭受重创，有些中小企业因担负不起经营压力而退出甚至倒闭，而行业龙头企业由于拥有强大的实力能够应对疫情的影响，可以选择在这种情况下及时加入，占据更多终端门店，从而以更低的成本继续拓展线下渠道，捕获更多的市场份额。疫情对需求端的影响可以从短期和长期两个方面来看：

(1) 从短期来看,培育钻石市场需求端数量和价格急剧下降。根据分析师保罗·金尼斯基(Paul Zimnisky)的分析,在2020的1—2月里,钻石原石的价格下滑幅度接近10%。

(2) 从长远发展来看,龙头企业在品牌、规模、渠道等领域有明显的优势,取得了更多的市场份额。很多珠宝企业开始并购,如周大生珠宝已收购了IDO母公司恒信玺利16.6%的股权,LVMH在收购宝格丽后打算收购顶级珠宝品牌蒂芙尼。

预计在2020—2025年,培育钻石市场规模的年均复合增长率将超过15%。

6.3　全球其他国家培育钻石市场现状和政策趋势

6.3.1　美国培育钻石市场现状和政策趋势

全球有80%的钻石零售市场集中在美国,每个品牌在美国都有更广泛的终端店布局。美国珠宝行业组织(TPC)曾发行了一份与美国珠宝市场相关的官方文件,主要阐述了美国民众对于实验室培育钻石的接受度。该文件中表述,实验室培育钻石在美国市场上有“不少的契机”。即使培育钻石这个概念为79%的美国民众所知悉,有接近59%的美国人知道实验室培育钻石和天然钻石的差异,但目前只有16%的美国民众决定购买钻石。(图6-2)

调查显示,在美国婚恋市场,有84%的人接受购买培育钻石作为时尚首饰,约有16%的人接受购买培育钻石作为订婚戒指,并且选择购买培育钻石作为订婚或结婚戒指的人大部分原因也并不是因为它们低价、便宜,其中只有30%的人选择培育钻石的原因是它们“低价”,选择“更大颗粒”的占25%,选择“道德原因”的占20%,选择“环保原因”的占18%。(图6-3、图6-4)

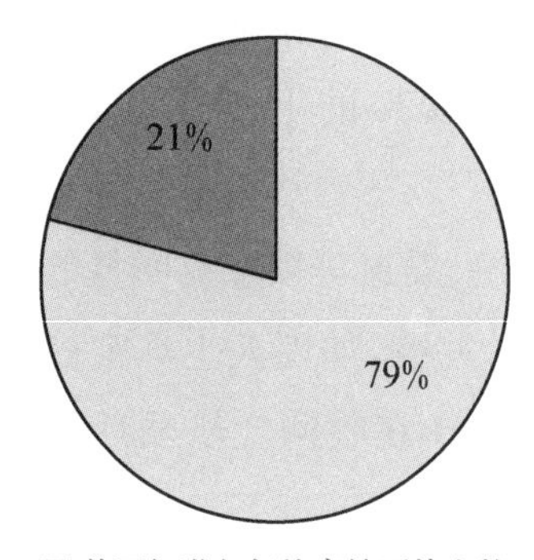

□ 美国知道如何培育钻石的人数
■ 美国不知道如何培育钻石的人数

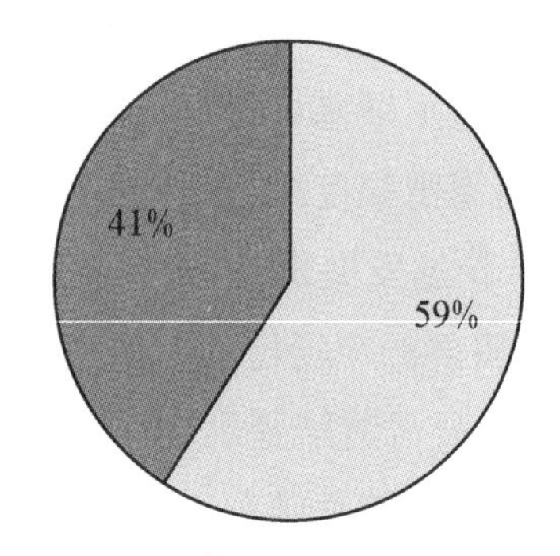

□ 在美国知道培育钻石和天然钻石区别的人数
■ 在美国不知道培育钻石和天然钻石区别的人数

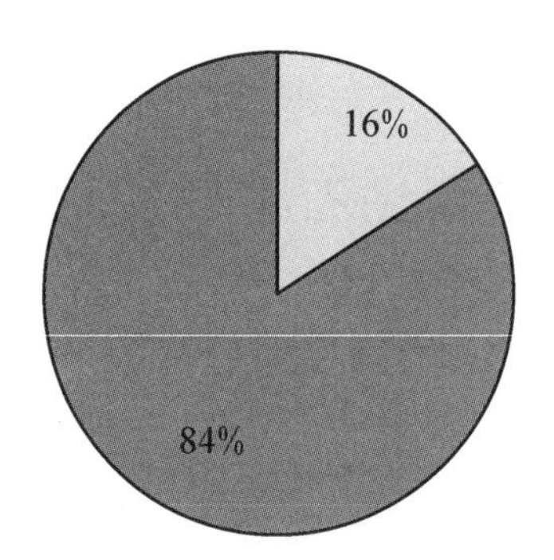

□ 在美国购买钻石的人数　■ 在美国不购买钻石的人数

图 6－2　培育钻石在美国市场的接受度

（资料来源：贝恩咨询、De Beers、智研咨询整理，https://baijiahao.baidu.com/s?id=1717901801999480489&wfr=spider&for=pc）

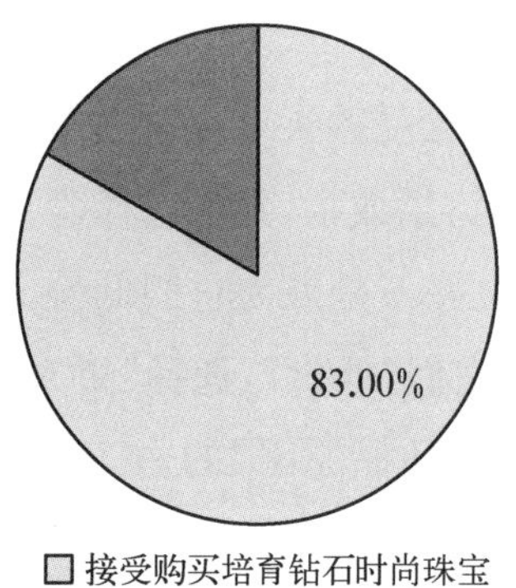

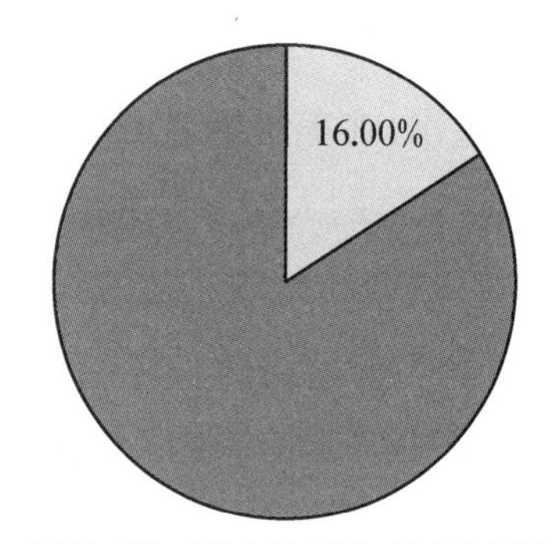

□ 接受购买培育钻石(作为订婚戒指)

图 6－3　美国婚恋市场接受购买培育钻石情况

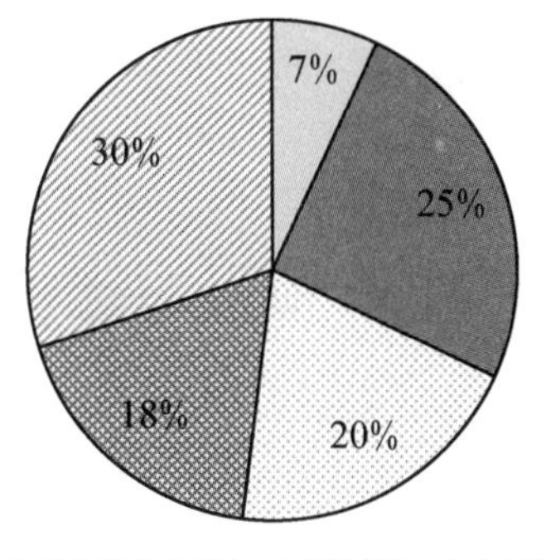

图 6-4　美国婚恋市场购买培育钻石的原因

（资料来源：贝恩咨询、De Beers、智研咨询整理，www.chyxx.com）

6.3.2　印度市场现状和政策趋势

印度拥有世界上最大的钻石切割和研磨矿基地——苏拉特，占世界钻石加工总数的90%以上。印度是全球钻石加工配送的一站式服务中心，素有"世界钻石加工厂"之美誉。

近年来，随着钻石培育行业迅速发展，印度在全球钻石行业中占据重要地位，其进出口数据也极大增长。出口方面，裸钻出口量从2015年的6 400万美元增长到2020年的7.04亿美元，2015—2020年的年均复合增长率为62%。2021年1—4月，出口额达3.08亿美元，同比增长168.73%，较2019年同期增长220.47%。

2015—2020年，印度进口的培育钻石毛坯钻从1 400万美元增加到2020年的6.15亿美元，年均复合增长率为112%。2021年，进口额达到11.3亿美元，比2019年同期增长432.33%。

6.3.3　日本市场现状和政策趋势

在日本，培育钻石越来越受到消费者的欢迎，因为越来越多的人接受这样的观点：人造钻石和天然钻石之间没有明显的差异。

然而目前日本培育钻石的市场份额只有不到1%，要摆脱这局面，必须大力开发培育钻石，而且日本的消费者也很乐意看到这一局面的出现。主要在线上销售培育钻石的 Mayumi Kawamura 的经营情况表明，日本正在寻找一种经济、环保和道德的替代品，以替代天然钻石。相信未来日本的培育钻石行业也会取得较好的发展。①

6.4 中国钻石市场的消费习惯、现状和趋势

6.4.1 中国钻石市场的消费习惯

“自我满足”已逐渐成为中国钻石消费的主要原因。近年来，在美国、中国、日本等钻石消费国，钻石首饰在婚姻市场的渗透率在逐渐达到峰值后有所放缓，而对“满足”未婚场景的需求则在增加。钻石的消费不再局限于婚礼现场，而是逐渐出现在日常生活中。中国钻石市场的未来发展将面临产品个性化、日常消费和多元化等方面的发展。钻石首饰对婚礼服务需求的增长，将为钻石首饰市场的增长提供可持续的动力。（图 6-5）

在中国钻石消费人群中，相对于黄金、铂金和其他珠宝，那些出生在 20 世纪 80 年代、90 年代和 21 世纪初的人喜欢钻石的比例更高，喜欢钻石的比例分别为 43%、48%和 38%（图 6-6）。随着钻石首饰消费的新趋势，培育钻石以其突出的价格优势和环保特性将获得更多人的喜爱。

钻石首饰在我国各大城市具有巨大的发展潜力。根据华经产业研究所的调查数据，一线城市的钻石渗透率约为 61%，而二线城市和三、四线城市的钻石渗透率分别为 48%和 37%，都不到 50%。但黄金首饰却广泛受到人们的欢迎和认可，渗透率约为 70%（图 6-7）。这也充分说明我国钻石消费市场具有很大的潜在发展优势。未来，随着我国三、四级城市的发展和居民消费水平的提高，钻石珠宝品牌将加速扩张，钻石珠宝首饰渗透率将进一步提高②。

---

① 本小节数据资料来源：https://www.lgdiamond.cn/portal.php? mod=view&aid=856

② 数据资料来源：https://xueqiu.com/9508834377/210420818。

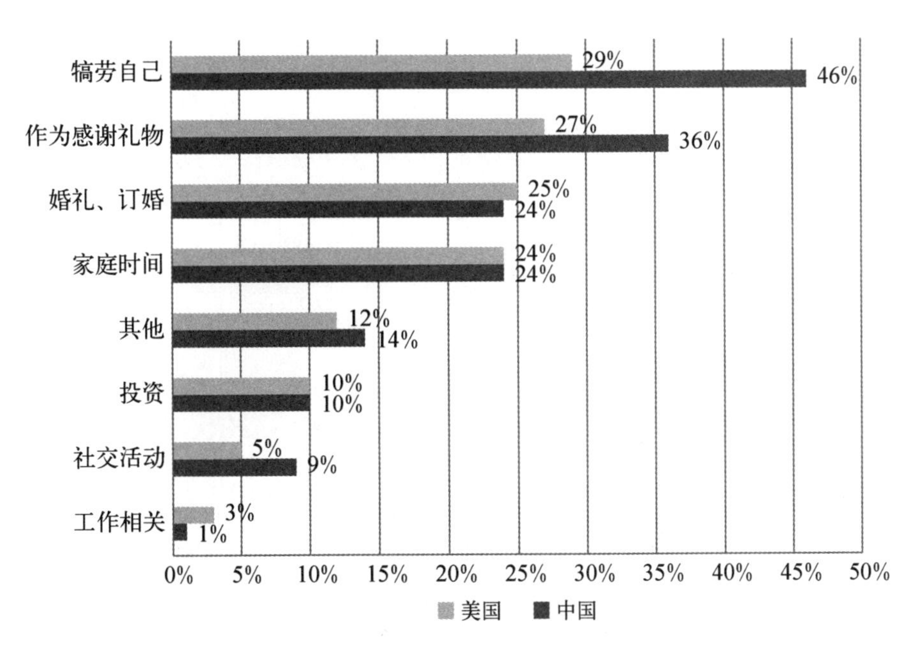

图 6－5　2019 中美两国钻石消费的主要原因

(数据来源：贝恩咨询、智研咨询、东莞证券研究所，https://xueqiu. com/9508834377/210420818)

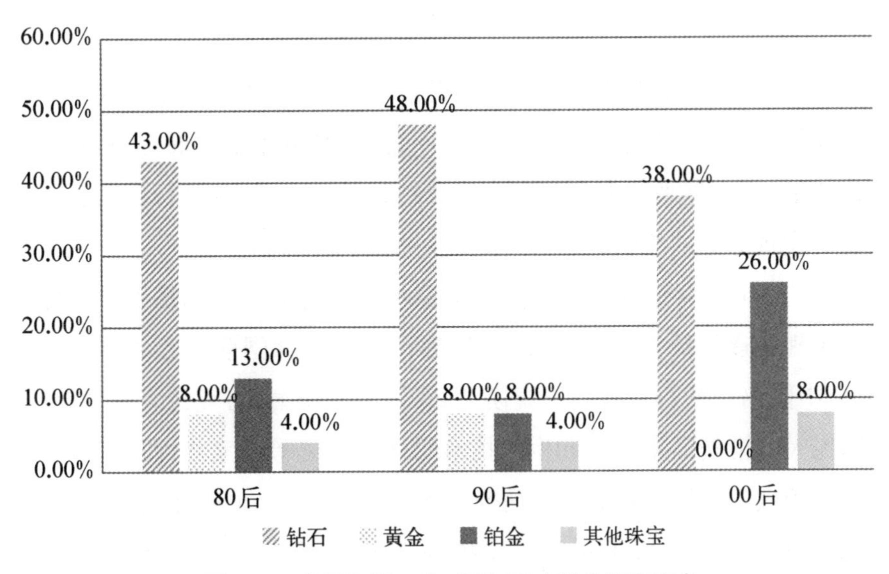

图 6－6　我国年轻一代对不同珠宝的偏好程度表

(数据来源：华经产业研究所、东莞证券研究所，https://data. eastmoney. com/report/orgpublish. jshtml? orgcode=80000081)

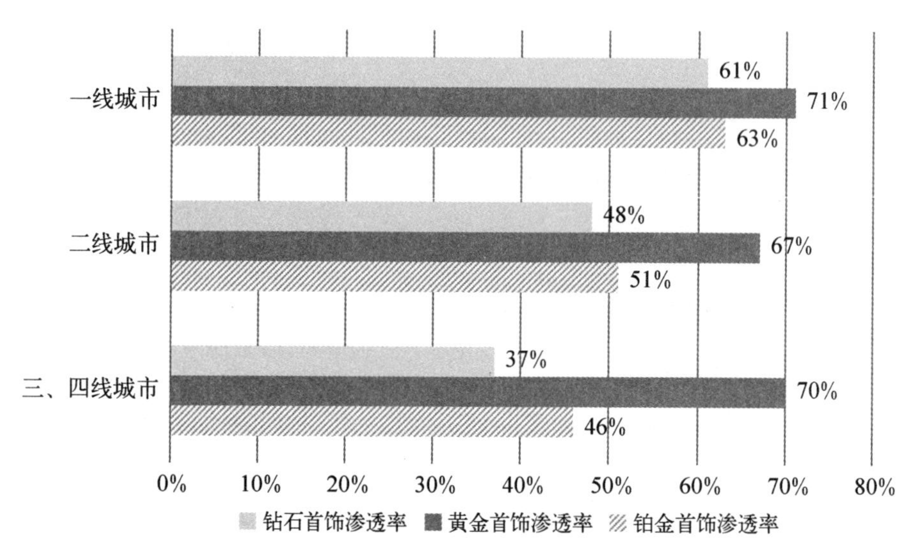

图 6-7　中国不同级别城市的珠宝渗透率

（数据来源：华经产业研究所，东莞证券研究所 https://data.eastmoney.com/report/orgpublish.jshtml? orgcode=80000081）

6.4.2　中国培育钻石市场的现状和趋势

近年来，人工培育的钻石逐渐获得市场认可，主流珠宝生产商也逐渐将目光投向了它。虽然其市场占有率不高，但是近年来发展迅速，在其价格优势下，成为越来越多人有能力消费的奢侈品。未来，该行业的交易量预计将实现爆炸式增长。

（1）中国培育钻石市场规模正呈稳步增长趋势。中国培育钻石原石的市场规模逐年扩大，其规模现居世界首位。据韩国前景产业研究院的数据，中国培育钻石原石市场规模 2020 年上升至 83 万克拉。着眼将来，中国庞大的消费需求潜质和生产技术的逐步完善等要素将促进实验室培育钻石领域的发展。依照工业研究院的预估，2021—2025 年，我国培育钻石原石市场规模将从 119 万克拉提高至 295 万克拉，年均复合增长率 25.48%，位列世界第一。（图 6-8）

（2）中国在培育钻石市场方面具有巨大的发展潜力。自 2009 年以

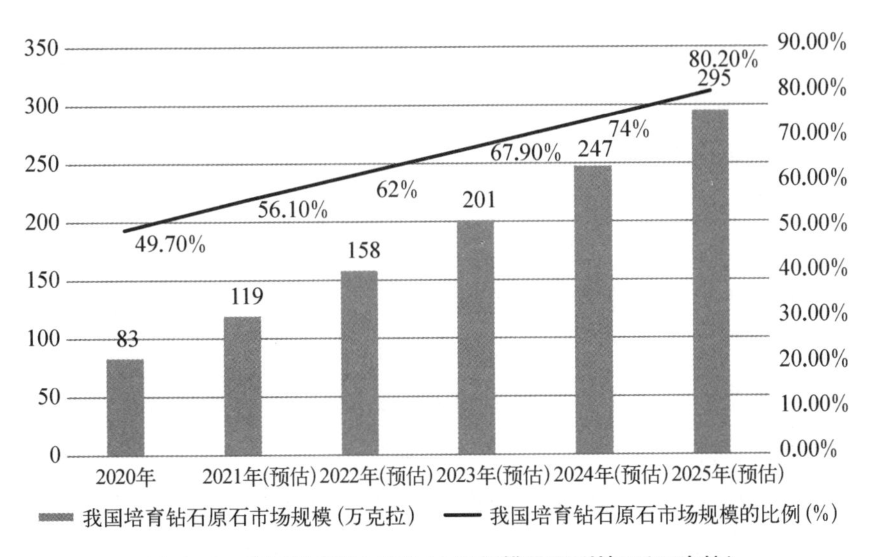

图 6-8　我国培育钻石原石市场规模及预测情况(万克拉)

(数据来源：前瞻产业研究院、东莞证券研究所，https://baijiahao.baidu.com/s?id=1711706894469543402&wfr=spider&for=pc)

来，中国已经进入世界第二大钻石消费领域。目前，中国已步入世界第二大钻石加工基地和极具影响力的珠宝产出国和消费国(图 6-9)。近年来，愈来愈多的中国消费主体对钻石市场的需求也在逐年提高。2016—2020 年，中国钻石市场需求从 640 亿元提升至 707 亿元，年均复合增长率为 2.52%，总体上看提升比较稳定。在钻石市场需求提高、天然钻石产出量衰减的背景下，高成本效益的实验室生产的培育钻石在中国占据了极大的发展空间。

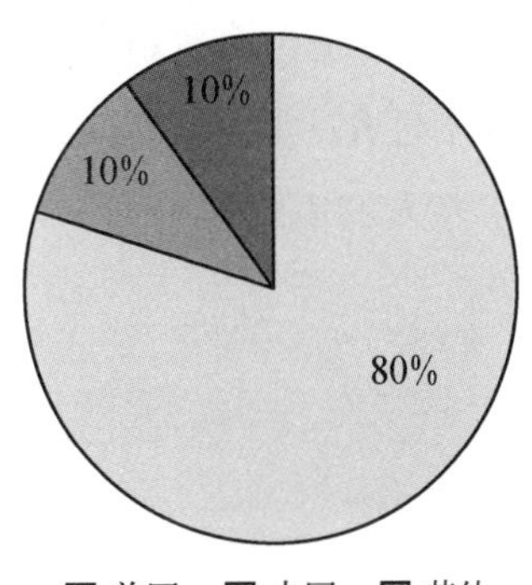

图 6-9　2020 年全球培育钻石消费量占比情况

(数据来源：前瞻产业研究院、东莞证券研究所，https://www.bilibili.com/read/cv13079262)

6.5　未来培育钻石潜力将超越天然钻石

经过多年的过度开采，有限的天然钻石矿产几乎都得到了勘探，无用的钻石矿也开始开采。同时，自然开发对环境造成的各种危害，也违背了当前绿色环保和可持续发展的理念。近年来，采矿成本也在上升，高质量大颗粒钻石的价格一直在上涨，而中低质量天然钻石的价格却在下降。

在天然钻石行业大萧条时期，培育钻石为珠宝市场带来了新的机遇。其价格比较适中、更广泛的款式选择等优势足以占据天然钻石产量的下降和需求的上升所带来的市场空缺。在巨大的潜在市场的推动下，许多钻石矿业公司正在积极安排进入该行业，许多公司已经在考虑增长、设置和销售培育钻石。尽管其利润不如天然钻石，但它仍然是奢侈品行业的高附加值产品之一。

随着我国消费者消费水平的提高，购买力逐渐加强，未来我国的珠宝行业尤其是培育钻石行业将呈现增长趋势。如果同时计算线上和线下两个渠道，培育钻石已经在全球 5 000 余家商铺有售。对于年轻的消费者群体来说，收入水平和追求时尚将是他们的主要选择。从消费习惯的角度来看，即将成为消费群体主力的年轻人一代，没有传统消费观念的束缚，重视个性化。因此，在未来培育钻石将超越天然钻石，因为它们将更能满足年轻人的需求偏好。

7

研究报告结论

2019年，天然钻石的全球产量达到13 900万克拉，为近年来的峰值，在2019年年底在全球爆发的新冠肺炎疫情，对天然钻石的开采、加工和销售都产生重大影响，世界主要天然钻石产区比如澳大利亚、南非和印度等地产量较2019年下滑20%。随着全球经济的复苏，在钻石需求持续旺盛的大背景下，培育钻石的市场占有率迅速提升，从2019年的1.9%上升到2020年的6.3%，增长了4.4个百分点。从消费端来看，培育钻石已经越来越被大众所接受，根据官方发布的数据显示，2020年11月在上海虹桥会展中心举办的婚博会上，培育钻石的销售异常火爆；从供给端来看，培育钻石技术越来越完善，净度、切工等指标已经可以与天然钻石相媲美，培育钻石将迎来高速发展时期。

天然钻石和培育钻石不同之处主要体现在稀缺性，天然钻石十分稀有，形成于10亿年前到30亿年前的地表深处，从含有金伯利岩的矿产中开采出来，仅仅有1%的金伯利岩适合钻石开采，具有比较高等保值性，特别是对于大型钻石尤为稀缺；培育钻石由于可以通过实验室培育形成，从理论上看可以被无限制造，而且随着培育技术的进一步提升与培育成本的递减趋势。两者的相同之处体现在无论产品属性，还是外表呈现的亮度、光泽度、折射率等方面都能够达到完全相同。

1954年美国通用公司首次使用高温高压(HPHT)技术生产出第一颗培育钻石，经过近70年的发展，HPHT已经成为目前主流的培育钻石生产技术之一，国内以力量钻石为代表的企业采用的就是HPHT技术。另一种主流技术是化学气相沉积(CVD)。1952 年美国科学家威廉采用 CVD 技术生产了第一颗培育钻石,我国企业以上海征世科技为代表的企业采用的也是 CVD 技术。这两种主流技术采用不同的工艺,其生产的培育钻石存在比较大的差异,前一种主要培育 1 克拉以下的钻石,后一种主要培育 1 克拉以上甚至 5 克拉的钻石。在早期中低端消费市场的驱动下,HPHT 培育钻石占据了大部分市场份额,但是随着消费群体对于大颗粒钻石的需求不断提升,CVD 培育钻石的市场占有率也不断提升。

培育钻石经过三个不同的发展时期,首先是发展初期(1952—2002 年):自从采用 HPHT 技术和 CVD 技术在美国相继诞生第一颗培育钻石后,其他国家在此技术基础上,不断完善和提升培育钻石技术水平,1963 年中国在中科院等机构的密切配合下,培育出第一颗培育钻石。早期由于其技术还不够全面,生产成本较高,培育出来的钻石与天然钻石相比优势不明显。随着培育技术的不断完善,培育钻石开始处于技术成熟时期(2003—2017 年):培育钻石上下游企业在这个阶段得到快速发展,培育钻石量产产量不断提高,但是相比于天然钻石的价格,没有体现出足够的性价比,因此无法大规模进入消费市场。随着技术和市场的完善,培育钻石行业进入高速发展期(2018 年至今):培育钻石产业从上游生产、中游加工、下游销售都形成了完整的体系,培育钻石获得国际认证,培育钻石开始进入高速发展时期。

按照产业链不同阶段划分,培育钻石可以分为上游、中游和下游产业。上游产业主要是源头企业,其产品价格等因素影响整个产业的发展,中国的培育钻石企业通过高性价比的劳动力和上游产业的配套布局,目前已经形成以培育钻石上游企业为主的产业集群,如中国培育钻石生产的河南省,其 2020 年的产量占全球产量的 50%,这些企业以 HPHT 技术为主。随着技术进一步提升,CVD(化学气相沉积)技术作为另一种毛坯钻石的主流培育技术也越来越受到市场青睐,如上海征世科技作为国内 CVD 技术的龙头企业,其独有的 MPCVD 技术使该企业成为全世界能批量生产高质量培育钻石而无须二次改色的唯一单位,其产品在市场上有明显的竞争优势。中游产业主要是进行培育钻石切割加工,随着中国劳动力成本的提升，相关产业逐步向印度、东南亚等劳动力和土地相对廉价的地区转移，印度已经成为全球最大的培育钻石加工中心，根据 2020 年公布的官方数据，目前全球 95％的培育钻石的切割加工都在印度完成，而中国只占据了 3％左右的市场份额。培育钻石的下游产业主要以零售行业为主，与天然钻石零售不同，由于培育钻石零售市场属于新兴市场，尚未有强势品牌，传统天然钻石品牌零售商和新兴培育钻石零售商一起参与其中，比如 De Beers、Swarovski、Signet、Pandora 等传统天然钻石品牌纷纷入场培育钻石零售市场。在培育钻石产业链中，进入壁垒高、议价能力强的上游生产商和下游品牌商共同控制产品，定价、毛利率可分别达到 50％～60％和 60％～70％，中游产业由于其企业替代性比较强，属于完全竞争市场，毛利率不到 10％。

从消费端看，美国占据培育钻石消费市场的 80％，由于思想观念等方面的原因，中国仅仅占比 10％。美国作为全球最大的培育钻石消费国，最大的优势体现在其零售品牌终端布局广泛，大大提升了培育钻石的可及性。2021 年 8 月，TPC 组织针对培育钻石在美国市场的接受度调研，调研结果显示，有 79％的人意识到了培育钻石的存在，其中 83％的人表示会接受购买培育钻石，公众的接受度为美国成为全球最大的培育钻石消费市场打下坚实的基础。随着中国中等收入群体的不断壮大，人们的消费能力持续提高，作为较天然钻石性价比更高的替代品，培育钻石将利用其优势吸引婚恋市场中有大克拉倾向的消费者，同时消费者越来越追求饰品市场中的差异化品类，这些都将成为中国培育钻石零售市场进入高速发展快车道的因素。

2019 年年底新冠肺炎疫情席卷全球，阻碍了面对面的交流，切断了钻石行业线下的销售之路，天然钻石生产企业停产，全球最大的钻石加工地区印度封关，这对于培育钻石市场来说是机遇也是挑战。由于受到疫情冲击，人们的收入水平受到一定影响，相比于天然钻石，培育钻石其性价比优势得到提升。随着与培育钻石相关的法律颁布，行业组织、技术规范等已逐步建立起来，中国也制定了关于培育钻石的国家标准和行业规范，这为后疫情时代的培育钻石发展保驾护航，培育钻石将成为拉动钻石市场的新引擎。

随着全球气候风险的加剧，包括中国在内的世界各国都在逐渐转向低碳经济的布局，全面迈开了实现“碳达峰”“碳中和”的步伐，可持续发展、企业社会责任、环境保护等话题越来越成为全球工业企业关注的焦点，各大企业相继出台了可持续发展规划，从生产、管理等全流程实现绿色发展，避免在生产环节对大气产生污染，降低碳排放量。

培育钻石产业自身具有绿色循环产业的优势，未来的发展潜力不可限量，建议培育钻石企业在未来的产业布局和业务发展中注意以下几点，以期达到可持续性发展的目标：

第一，培育钻石生产相关企业采用可持续能源比如水电、风电等进行生产，与此同时进一步提升生产工艺，降低能源消耗。

第二，率先在培育钻石行业采用固碳技术，将空气中的二氧化碳作为生产培育钻石原材料，不仅实现碳排放零排放，同时还能吸收、利用空气中二氧化碳。

第三，建立可行可靠的数据对比，通过权威机构进行第三方调查，形成与天然钻石在生产和产品相关的对比数据库，为培育钻石的宣传提供可信的依据。

第四，每生产 1 克拉天然钻石对于地表结构所产生的破坏都是巨大的，而且后续修复将产生巨大的代价，而培育钻石不管是采用 CVD 技术还是 HPHT 技术，其对环境的影响都相对很小。

第五，培育钻石产品可由权威第三方机构出具“碳中和”的官方认证，随着消费者逐步认识到保护环境的重要性，这也是提升消费者接受培育钻石的一种可持续的重要举措。

参考文献

[1] 美国珠宝行业的组织 TPC(The Plumb Club). 2021The Plumb Club 行业和市场洞察. 2021-8.

[2] 商业贸易行业深度研究：培育钻石行业研究报告——巧艺夺天工，悦己育新生. 天风证券，2021-12-21.

[3] 培育钻石行业深度报告：受益于全球 C 端崛起. 财通证券，2022-2-15.

[4] 培育钻石行业深度报告：新经济成长赛道，孕育初生培育钻. 东莞证券，2022-1-28.

[5] 贾伟. 论中国培育钻石项目发展的可行性. 价值工程，2019(26).

[6] 莫默，梁伟章，罗蕾，卢芷欣. 从国际培育钻石品牌的建设分析培育钻石市场的发展趋势[J]. 宝石和宝石学杂志，2021(6).

[7] 2021 年中国培育钻石行业分析报告：行业发展现状与发展趋势分析. 观研报告网，https://www.jzwjry.com/news/gsxw/207.html.

[8] 2020 年中国培育钻石行业市场现状分析，培育钻石越来越被市场所认可. 华经情报网，2021-9-16.

[9] 2021 年培育钻石行业：媲美天然钻石，培育钻石市场或将迎来爆发. 头豹研究所，2021-12-15.

[10] 贝恩：2020—2021 年全球钻石行业研究报告. https://www.bain.com/.

[11] 力量钻石(301071)新股报告：脚踏实地 把握培育钻石的“春天”. 兴业证券，2021-9-22.

[12] 王冯. 培育钻石行业深度分析：契机已至，向新而动. 华金证券，https://pdf.dfcfw.com/pdf/H3_AP202111301532026065_1.pdf?1638292434000.pdf.

[13] 珠宝行业培育钻石专题分析报告：培育钻石，珠宝业的新征程. 国金证券，2021-10-27.

[14] 力量钻石：人造金刚石专业厂商，将受益培育钻石行业高速发展. 太平洋

证券，2021－10－8.
[15] 培育钻石行业深度研究：新钻初生，其道大光. 东吴证券，2021－11－15.
[16] 社会服务行业周报. 兴业证券，2022－1－30.
[17] 培育钻石行业快评：培育钻石行业里程碑，豫园珠宝推出国内首个培育钻石品牌. 国信证券，2021－8－13.
[18] 三个臭皮匠报告. https://www.sgpjbg.com/info/24645.html 2021.07.26.
[19] 培育钻石网. https://www.lgdiamond.cn/portal.php? mod=view&aid=493 2020.11.25.
[20] 培育钻石网. https://www.lgdiamond.cn/portal.php? mod=view&aid=856 2021.8.23.
[21] 比想象更环保，天然钻石行业报告：碳排放仅为人造钻石 1/3. 澎湃新闻，http://m.thepaper.cn/kuaibao_detail.jsp? contid=3575146&from=kuaibao.
[22] 论天然钻石与合成钻石对环境和社会的影响. The Diamond Loupe，https://www.thediamondloupe.com/zh-hans/sustainability/.
[23] Diamond Foundry 希望通过培育钻石、碳中和认证和社会计划改善珠宝世界. 中国超硬材料网，http://www.idacn.org/news/42993.html.
[24] 苑博士讲钻石：培育钻石未来在市场上会强调绿色产业的特性. 中国超硬材料网. 2021.06.21. http://www.idacn.org/news/42579.html.
[25] 戴比尔斯 The De Beers Group. 2020 年钻石行业洞察报告：探索新常态下的行业趋势. https://onlynaturaldiamonds.com.cn/ndc/industry-news/20201126-1/.
[26] 2021—2027 年中国珠宝首饰行业市场需求分析及投资发展研究报告. 智研咨询，2020－10.
[27] 培育钻石行业深度分析：契机已至，向新而动. 华金证券，2021－11－28.
[28] 全球钻石价值链的发展趋势. I Do 课堂，https://m.idolove.com/article-5-10/402884596170a4ab0161749ee806284c/.

后　记

“钻石恒久远，一颗永流传。”戴比尔斯公司的这句广告语，可能是20世纪影响力最大的一句广告语。也正是这句广告语，让钻石成为妇孺皆知的奢侈品，也彻底改变了中国人婚庆以佩戴黄金、翡翠为主的传统习俗，一枚钻戒成为承载爱情的最美好的信物。

近年来，钻戒已经逐步成为中国城市青年婚礼用品中不可或缺的物品，很多女性都希望有一枚属于自己的永恒的、闪耀的钻石戒指。然而，天然钻石昂贵的价格，让很多收入不高的年轻情侣望而却步，甚至引发矛盾。

培育钻石的出现和逐步普及，成为化解这一矛盾的钥匙。培育钻石指的是采用人工的方法，模拟天然钻石结晶特点生成并制造的钻石，培育钻石与天然钻石在性质上完全相同。近年来国际珠宝巨头戴比尔斯、施华洛世奇、潘多拉等公司纷纷推出培育钻石系列产品，行业呈现快速增长状态。值得一提的是，培育钻石相比天然钻石有着明显的价格优势，目前零售价格已经能做到天然钻石的35%左右，大大降低钻石购买门槛，未来发展前景非常可观。

2018年，美国联邦贸易委员会修改了钻石的定义，将天然钻石与培育钻石统一归类为钻石。我国检测天然钻石与培育钻石也采用同一评级标准。由此，培育钻石开始在市场上崭露头角，就连掌控全球天然钻石市场价格主导权的戴比尔斯公司也推出了培育钻石珠宝品牌，并针对培育钻石设计了新的广告语：“可能没有永恒，但求当下的完美”。

2023年2月7日，联合市场研究公司（Allied Market Research）发布的一份题为《按制造方法、尺寸、性质和应用划分的实验室生长钻石市场：

2021—2030年全球机会分析和行业预测》的研究报告，报告指出：2020年全球实验室生长钻石市场规模价值为193亿美元。预计到2030年将达到499亿美元，2021年至2030年的复合年增长率为9.4%。

巨大的市场潜力，使得越来越多的企业进入培育钻石行业中来。在这一行业中，中国企业有着非常好的表现，中南钻石、黄河旋风、征世科技、宁波晶钻等公司，在行业内都有着较大的影响力，尤其是运用CVD法生产培育钻石的上海征世科技有限公司，在高净度、大克拉培育钻石方向上保持着领先优势，目前仍然保持着16.41克拉培育钻石的世界纪录。

在培育钻石行业不断发展的同时，有越来越多的人开始关注培育钻石的生产和消费，相关的分析文章也开始不断增多。除了钻石行业的相关研究者外，很多券商的行业分析师也开始关注这一领域的动向，行业分析报告也时有出现。

然而，就我们目力所及，目前还没有见到一部完整系统研究全球培育钻石行业的书籍。基于这一原因，我们团队在上海市钻石交易所、上海市商业经济学会和上海大学经济学院等单位相关专家学者的支持、鼓励和帮助下，启动了《全球培育钻石产业研究报告》的写作工作。这是一项十分艰苦而细致的开拓性工作，在写作过程中遇到了很多的困难和问题，我们不断地向相关行业的专家和企业的领导请教，不断克服资料不足、数据不配套等困难。同时，我们在写作过程中，还参考和借鉴了大量的专业分析文章和行业分析报告以及有关单位发表的专题报告。其中有些我们在书稿中标明了出处，也有不少的资料由于来源分散、找不到原始出处等原因，没能一一标明，在此请允许我们向这些文献、资料的原作者致歉并致谢，向为本书的写作与出版提供各种帮助的各位朋友致谢并致敬。

最后，特别要向本书的责任编辑、上海大学出版社的名誉总编傅玉芳老师表达由衷的感谢，傅老师为本书的编辑与出版耗费了大量的时间和精力，提供了非常大的专业帮助，使本书得以如期出版。

本书编写组

2023年2月9日